U0263200

高新技术科普丛书

网事^真不如烟

——互联网的现在与未来

主 编◎张 毅

广东省出版集团

广东科技出版社

·广 州·

图书在版编目（CIP）数据

网事真不如烟：互联网的现在与未来 / 张毅主编.
—广州：广东科技出版社，2011.5（2012.5重印）
（高新技术科普丛书）
ISBN 978-7-5359-5435-0

Ⅰ.①网… Ⅱ.①张… Ⅲ.①互联网络—普及
读物 Ⅳ.①TP393.4-49

中国版本图书馆CIP数据核字（2010）第239496号

项目策划：崔坚志
责任编辑：罗孝政 区燕宜
美术总监：林少娟
封面设计：友间文化
责任校对：陈 静
责任印制：罗华之
出版发行：广东科技出版社
　　　　　（广州市环市东路水荫路11号 邮政编码：510075）
E-mail：gdkjzbb@21cn.com
http://www.gdstp.com.cn
经　销：广东新华发行集团股份有限公司
排　版：广州市友间文化传播有限公司
印　刷：佛山市浩文彩色印刷有限公司
　　　　　（佛山市南海区狮山科技工业园A区 邮政编码：528225）
规　格：889mm×1194mm 1/32 印张 5 字数 120千
版　次：2011年5月第1版
　　　　2012年5月第2次印刷
定　价：16.00元

《高新技术科普丛书》编委会

本套丛书的创作和出版由广州市科技和信息化局、广州市科技进步基金会资助。

序一 *Preface*

　　精彩绝伦的广州亚运会开幕式，流光溢彩、美轮美奂的广州灯光夜景，令广州一夜成名，也充分展示了广州在高新技术发展中取得的成就。这种高新科技与艺术的完美结合，在受到世界各国传媒和亚运会来宾的热烈赞扬的同时，也使广州人民倍感自豪，并唤起了公众科技创新的意识和对科技创新的关注。

　　广州，这座南中国最具活力的现代化城市，诞生了中国第一家免费电子邮局；拥有全国城市中位列第一的网民数量；广州的装备制造、生物医药、电子信息等高新技术产业发展迅猛。将这些高新技术知识普及给公众，以提高公众的科学素养，具有现实和深远的意义，也是我们科学工作者责无旁贷的历史使命。为此，广州市科技和信息化局与广州市科技进步基金会资助推出《高新技术科普丛书》。这又是广州一件有重大意义的科普盛事，这将为人们提供打开科学大门、了解高新技术的"金钥匙"。

　　丛书在今年将出版14本，内容包括生物医学、电子信息以及新能源、新材料等三大板块，有《量体裁药不是梦——从基因到个体化用药》《网事真不如烟——互联网的现在与未来》《上天入地觅"新能"——新能源和可再生能源》《探"显"之旅——近代平板显示技术》《七彩霓裳新光源——LED与现代生活》以及关于干细胞、生物导弹、分子诊断、基因药物、软件、物联网、数字家庭、新材料、电动汽车等多方面的图书。

我长期从事医学科研和临床医学工作，深深了解生物医学对于今后医学发展的划时代意义，深知医学是与人文科学联系最密切的一门学科。因此，在宣传高新科技知识的同时，要注意与人文思想相结合。传播科学知识，不能视为单纯的自然科学，必须融汇人文科学的知识。这些科普图书正是秉持这样的理念，把人文科学融汇于全书的字里行间，让读者爱不释手。

丛书采用了吸收新闻元素、流行元素并予以创新的写法，充分体现了海纳百川、兼收并蓄的岭南文化特色。并按照当今"读图时代"的理念，加插了大量故事化、生活化的生动活泼的插图，把复杂的科技原理变成浅显易懂的图解，使整套丛书集科学性、通俗性、趣味性、艺术性于一体，美不胜收。

我一向认为，科技知识深奥广博，又与千家万户息息相关。因此科普工作与科研工作一样重要，唯有用科研的精神和态度来对待科普创作，才有可能出精品。用准确生动、深入浅出的形式，把深奥的科技知识和精邃的科学方法向大众传播，使大众读得懂、喜欢读，并有所感悟，这是我本人多年来一直最想做的事情之一。

我欣喜地看到，广东省科普作家协会的专家们与来自广州地区研发单位的作者们一道，在这方面成功地开创了一条科普创作新路。我衷心祝愿广州市的科普工作和科普创作不断取得更大的成就！

中国工程院院士 钟南山

二〇一一年四月

序 二 *Preface*

让高新科学技术星火燎原

21世纪第二个十年伊始，广州就迎来喜事连连。广州亚运会成功举办，这是亚洲体育界的盛事；《高新技术科普丛书》面世，这是广州科普界的喜事。

改革开放30多年来，广州在经济、科技、文化等各方面都取得了惊人的飞跃发展，城市面貌也变得越来越美。手机、电脑、互联网、液晶电视大屏幕、风光互补路灯等高新技术产品遍布广州，让广大人民群众的生活变得越来越美好，学习和工作越来越方便；同时，也激发了人们，特别是青少年对科学的向往和对高新技术的好奇心。所有这些都使广州形成了关注科技进步的社会氛围。

然而，如果仅限于以上对高新技术产品的感性认识，那还是远远不够的。广州要在21世纪继续保持和发挥全国领先的作用，最重要的是要培养出在科学领域敢于突破、敢于独创的领军人才，以及在高新技术研究开发领域勇于创新的尖端人才。

那么，怎样才能培养出拔尖的优秀人才呢？我想，著名科学家爱因斯坦在他的"自传"里写的一段话就很有启发意义："在12~16岁的时候，我熟悉了基础数学，包括微积分原理。这时，我幸运地接触到一些书，它们在逻辑严密性方面并不太严格，但是能够简单明了地突出基本思想。"他还明确地点出了其中的一本书："我还幸运地从一部卓越的通俗读物（伯恩斯坦的《自然科学通俗读本》）中知道了整个自然领域里的主要成果和方法，这部著作几乎完全局限于定性的叙述，这是一部我聚精会神地阅读了的著作。"——实际上，除了爱因斯坦以外，有许多著名科学家（以至社会科学家、文学家等），也都曾满怀感激地回忆过令他们的人生轨迹指向杰出和伟大的科普图书。

由此可见，广州市科技和信息化局与广州市科技进步基金会，联袂组织奋斗在科研与开发一线的科技人员创作本专业的科普图书，并邀请广东科普作家指导创作，这对广州今后的科技创新和人才培养，是一件具有深远战略意义的大事。

这套丛书的内容涵盖电子信息、新能源、新材料以及生物医学等领域，这些学科及其产业，都是近年来广州重点发展并取得较大成就的高新科技亮点。因此这套丛书不仅将普及科学知识，宣传广州高新技术研究和开发的成就，同时也将激励科技人员去抢占更高的科技制高点，为广州今后的科技、经济、社会全面发展作出更大贡献，并进一步推动广州的科技普及和科普创作事业发展，在全社会营造出有利于科技创新的良好氛围，促进优秀科技人才的茁壮成长，为广州在21世纪再创高科技辉煌打下坚实的基础！

中国科学院院士 张景中

二〇一一年四月

前　言 *Foreword*

　　到目前为止，互联网是唯一一种能够把达官贵人、巨贾豪富、普罗百姓联系起来的方式，而且这种联系，不受时间、空间的限制。为什么互联网有这般魅力？这正是本书要揭开之谜。

　　今天，互联网已经完全融入我们的工作、学习和生活中。如果说20年前不懂读书看报为文盲的话，在21世纪的今天，不会上网的人，已经成为新的文盲一族。基于此，以普及互联网知识为目的的《网事真不如烟——互联网的现在与未来》则以通俗易懂和图文并茂的方式与读者朋友见面。

　　本书通过深入浅出地讲解互联网的发展历史、基本功能和结构，上网技巧以及病毒防范等多个方面，由表及里地向读者呈现了一个完整的互联网世界。希望读者亲近互联网、热爱互联网、与互联网交朋友，让互联网更好地服务人类。

　　广州作为中国互联网商业应用的第一站，中国第一家免费电子邮局（163电子邮局）诞生在广州；广州目前互联网网民总数超过1 000万人，居全国之首；广州目前拥有商业网站总数超过50万个，数量及规模均居全国之首。此外，广州也是中国移动互联网的发源地，广州手机网民普及率超过71%，居全国之首；广州目前手机网民总数超过1 000万人，居全国之首。广州已经形成了较完整的互联网产业链，这些都是广州人对互联网的突出贡献，也是广州在互联网领域中新的起跑线。对此，本书给予了充分的评价和肯定。

目 录 *Contents*

一 走近互联网

    2008年5月12日14时28分，中国大部分地方的人们感觉到一阵不同程度的眩晕，到底发生了什么事情？"我们这里发生了强烈地震！"关于这次人类历史上巨大灾难的信息陆续通过QQ从四川发出。随后的10分钟，大批来自四川的网友信息证实了这个可怕的消息。14时46分29秒，即汶川地震发生18分钟后，新华网发布了第一条确认地震的报道。

    1920年12月16日20时5分53秒，中国宁夏海原县发生震级为8.5级的强烈地震。这次地震，震中烈度12度，震源深度17千米，死亡24万人，毁城4座，数十座县城遭受破坏。这就是可怕的海原地震，不过，人们知道这次地震，大多是半年甚至若干年以后。

    同样是地震灾难，显然，互联网时代的信息传递速度与广度，让外界更快、更大范围地掌握了有效的救援信息！

2010年10月底，《海峡导报》记者的163邮箱收到一封来自台湾宜兰的紧急电子邮件："征AB型骨髓，请帮转寄出去好不好，要快！"信件是从台湾宜兰寄出的，从群发记录来看，这封信件已经传送至大陆的多个城市，并呈几何速度在蔓延。

该记者最后经多方调查，发现该邮件其实是10年前的一封求救邮件，经过海峡两岸同胞的紧急传递，延续了10年之久。该"母邮件"出现在2000年，一位叫阎骅的先生，在网志中记载，他收到"急征AB型骨髓配对并希望大家转寄"的邮件。此后，各地华人争相转发此邮件。后来在热播《蓝色生死恋》《髓缘》《在世界中心呼唤爱》等电影的期间，这封邮件也被广泛传播。2010年，电影《姊姊的守护者》恰好在大陆上映，这封以爱之名的"病毒"邮件在大陆地区再次大规模爆发。一封简单的求救信，在全球华人共同的爱心传递下，居然成了一场闹剧。在网络世界，什么事情都有可能发生。

众所周知，狗是人类最好的朋友之一。在现代家庭中，狗是人们生活中的最好伴侣。狗能够听懂人说话，可是，谁能够听得懂狗汪汪叫的含义呢？

若干年前，一幅有关电脑一端是狗与另外一端是人的网络聊天漫画传遍大江南北，漫画的题目是：在互联网上，你永远猜不到和你聊天的，可能是一条狗。

　　虽然有些夸张，不过这个故事也正好告诉了人们，这就是互联网的世界。在互联网上，没有什么是不可能的，现在，人可以使用网络，可谁敢肯定，在未来的某一天，狗不可以呢？

与互联网握手

 什么是互联网

> 　　互联网，就如同一本万能词典，能查到你所想知道的任何知识，几乎可以搜索到你想要的任何信息。

　　在互联网上，人人平等，没有身份的贵贱之别，没有财富的多寡之分。人们不分种族国籍，只要在互联网上，资源是共享的，沟通是对等的。人们可以根据不同时期不同的需求获取所需的资源和信息，而每个人也有权利和义务为他人提供资源和信息。这，就是无奇不有的互联网世界。

　　那么，什么是互联网呢？互联网的洋名字叫"Internet"，意思就是"互联"，所以它的中文名就叫"互联网"，早期根据音译，又称"因特网"。其实，两种说法都没错，不过就目前而言，"互联网"的称谓较为流行。

互联网的应用可谓千姿百态。无论生活中的日记记录、看书读报、聊天交友、游戏娱乐、出行参考、网络地图，还是工作中的视频会议、客户交流、货款支付、商业谈判、信息发布、广告宣传等，都已经广泛应用了互联网。互联网作为一种必备的工具，已经与人们的生活融为一体。

互联网是由各种不同类型和规模的主机或网络组成的全球性网络，分布在世界各地的主机或网络通过TCP/IP协议实现相互连接和资源共享。互联网是一个浩瀚的信息资源的海洋，这些资源分布在世界各地的数千万台计算机上，内容涉及政治、经济、文化的方方面面。全世界的网民都可以通过各种搜索工具来检索和利用这些信息。

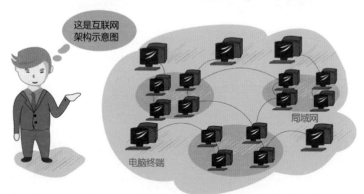

互联网架构示意图

互联网是全球性的，这就意味着我们目前使用的这个网络，不管是谁发明了它，它都是属于全人类的。这种"全球性"并不是一个空洞的口号，而是有其技术保证的。互联网是一种完全分布式的网络结构，按照"包交换"的方式进行工作。因此，在技术的层面上，互联网不存在中央控制的问题。也就是说，不可能存在某一个国家或者某一个利益集团通过某种技术手段来控制互联网的问题。反过来，也无法把互联网封闭在一个国家之内，除非所建立的不是互联网。互联网的这种全球性和开放性，使它具有可持续发展的强大生命力。

延伸阅读

包交换是指一种传送数据的方法，它把数据和操作包装起来，同时在通信信道上选择路由发送（常用光纤），以充分利用线路。相关包在目的地重新组装起来。

互联网的诞生与成长

军事需求催生了互联网

军事霸主美国，在美苏冷战时期，为了提高军事指挥系统的可靠性，把握战争主动权，催生了一种新的网络体系——互联网。

与很多人的想象相反，互联网并非某一完美计划的结果，互联网的创始人也绝不会想到它能发展成目前的规模和产生这样的影

一 走近互联网

军事需求催生计算机系统的联网

响。在互联网面世之初，没有人能想到它会进入千家万户，也没有人能想到它的商业用途。

到底是谁最先提出把计算机连接起来，形成今天所谓的互联网？这至今仍然是争论不休的话题。然而，如果没有美国国防部高级研究计划署于20世纪60年代创建的阿帕网，就没有今天的互联网。

20世纪60年代是一个很特殊的年代，美苏冷战持续升温，核威胁的阴影笼罩整个地球。美国国防部感到利用通常的电路交换网络来支持核战争的指挥系统是不可靠的，为此迫切希望建立一种高性能、可迂回、非连续数据块传输的新型网络来替代，这就是阿帕网的由来。1969年，美国国防部高级研究计划署组建了具有4个节点的阿帕网，至1976年，已经发展到超过60个节点，连接主机数目超过100台，覆盖了整个美国大陆，并通过卫星延伸到夏威夷和欧洲。阿帕网被认为是世界上第一个分组交换数据网，这也是互联网的雏形。由此可见，互联网实际上是冷战的产物。

随着用户的增多，覆盖范围的增大，阿帕网所选择的协议已经不适应，人们开始了协议方面的研究。其中最著名的研究成果是温顿·瑟夫和鲍勃·卡恩于1974年提出的TCP/IP协议，该协议的内涵得到了同行的认同，并逐步成为互联网的通信协议。

TCP/IP是一种异构网络互联的通信协议，其译名是传输控制协议/互联协议。表面看，TCP/IP由TCP和IP两个协议组成，实际上远不止这两个协议。它是一个协议族，包含了100多种协议，目前还在完善发展之中。

1982年1月，美国国防部实施国防数据网计划，规定已有和新建的数据通信业务必须进入国防数据网。20世纪80年代中期，美国国防部通信局把许多数据网和自动数据系统互连成伞状，然后通过几个主干网综合到国防数据网。在综合进国防数据网时，除保留原有的安全结构外，还在互连处加设网关，以控制不同安全级别子网之间的访问。

美国军事需求催生互联网

　　进入20世纪90年代，全球网络系统基本连成，其核心是它的根服务器。尽管现在网络很发达，但实际上支撑这个互联网运转的根服务器的数量仍相当有限。现在全世界一共有13台根服务器，其中1台是主根服务器，12台副根服务器。主根服务器设在美国，12台副根服务器当中9台设在美国，1台在英国，1台在瑞典，1台在日本。这些根服务器的管理者都是由美国政府授权的互联网域名与号码分配机构，负责全球互联网各根服务器、域名体系和IP地址的管理。

商业雨露使互联网茁壮成长

　　美国商业大亨们发现，用互联网赚钱可以更有前景，于是千方百计从军方获取并把互联网技术大规模应用到商业领域。事实证明，今天我们有机会看到丰富多彩的互联网，商业推动是关键。

　　军事的驱动只是互联网诞生的源泉，但是能够让互联网走近千家万户的，还是人们对于信息流、多媒体世界等商业需求的驱动。

　　1984年10月，在互联网工程任务组上，互联网研究者乔恩·波斯特尔博士发表了被称作评论要求的一系列论文，引入了所谓一级域名的概念，并推出了.com、.org、.gov、.edu 以及 .mil等数个一级域名。

　　1987年1月，基于对无损压缩技术和多媒体视觉的需求，CompuServe公司的研发人员着手研究并在几年后发布了GIF图片格式。虽然当时使用GIF格式图片是需要强行收费的，但其的确成就了今天丰富多彩的网络图片世界。

1990年11月，英国欧洲原子核研究委员会的雇员蒂姆·伯纳斯·李认为欧洲原子核研究委员会也需要一个类似于阿帕网的计算机网络来共享科学研究数据。于是，万维网就在早期的超文本试验中逐步形成了，最终项目在1990年提交给欧洲核子研究中心，命名为万维网。万维网的出现，让许多商家把企业产品等信息放置在互联网上展示成为现实。

1986年，美国国家科学基金会资助建成了基于TCP/IP技术的主干网NSFNET，连接美国的若干超级计算中心、主要大学和研究机构，并迅速连接到世界各地。20世纪90年代，随着Web技术和相应浏览器的出现，互联网的发展和应用出现了新的突破。1995年NSFNET开始商业化运行。

1991年，互联网商业化服务提供商的出现，使工商企业终于可以堂堂正正地进入互联网。商业机构一踏入互联网这一陌生的世界就发现了它在通信、资料检索、客户服务等方面的巨大潜力。于是，其势一发不可收拾。世界各地无数的企业及个人纷纷涌入互联网，带来互联网发展史上一个新的飞跃。

商业的推动力是显而易见的，电子邮件是最直接的体现。它改变了人类数千年以来固有的邮件传递方式，同时让邮件在顷刻间就能发送到收件人手中。根据中国互联网络信息中心（CNNIC）发布的第22次中国互联网络发展状况统计报告显示，目前电子邮件为美国的第一大互联网应用，使用率达到92%，韩国的使用率为80.8%，均比中国的电子邮件使用率高出很多。当

一 走近互联网

电子邮件是互联网商业化的产物

然，互联网在商业领域的应用远远不止电子邮件。互联网几乎融入了所有的商业行为中，从最初的基本工具，已经发展成为商业活动不可缺少的元素，如电子商务，全程就在互联网中实现。不过，人类历史上最早的互联网商业应用模式是门户网站。这归功于人们对于信息数据的快速获取的需求和强大的猎奇心态。在门户网站上，人们顺利地把广告从传统的报纸电台电视搬上了电脑，推动了互联网的快速发展。如今，互联网的商业应用更加显著，包括电子商务、网络视频、网络游戏、网络学校等，数不胜数。互联网为社会提供了大量就业岗位，也快速成就了大批网络富豪。

美国交互式广告局（IAB）2009年发布的一项最新研究报告显示，美国互联网经济发展对经济促进明显，单在互联网广告产业方面，已为美国经济贡献了3 000亿美元的产值，在美国国内生产总值（GDP）所占比率已达2.1%。

美国交互式广告局报告还称，美国网络广告产业总从业人员已达310万人，其中120万人直接从事网络广告工作，其薪酬标准高于美国公众平均收入水平，另外190万人则从事与网络广告相关的工作，如技术支持等工作，涉及相关企业数万家。

⊟ 互联网的发展概况

 互联网的国内外现状

　　美国当前市值最高的20家公司当中，就有7家公司来自互联网科技产业，其中包括微软、苹果、谷歌、IBM、思科、甲骨文和惠普，他们的市值最低都在1 500亿美元以上，而微软雄踞第二，超过2 500亿美元。

　　根据美国《福布斯》杂志2010年公布的全美400富豪排行榜，400位有钱人共握有1.27万亿美元的财富。得益于互联网在全球的飞速发展，微软公司联合创始人比尔·盖茨已经多年盘踞富豪榜首位。尽管比尔·盖茨名下财富受金融危机影响缩水了70亿美元，他的身家仍高达500亿美元，超过140多个国家的GDP，其中包括哥斯达黎加、萨尔瓦多、玻利维亚和乌拉圭等拉美国家。

　　如今，互联网在国内外已经非常普及，中国的网民总数居世界第一。

　　1993年WWW站点主页浏览器发明以来，发展到现在的国际互联网仅用了短短的几年时间，然而，其目前的规模和发展的速度却是令人始料不及的。

　　1993年互联网的用户仅为几十万人，而现在全世界所有国家和地区的用户数量呈指数增长趋势，全球互联网用户总数从2000年的3.6亿到2010年7月已突破18亿，连接在国际网络上的主机近亿台，个人电脑超过10亿台。更为惊人的是，其目前的发展势头和速度丝毫未减。

　　根据互联网数据统计机构数据显示，2010年全球互联网平均渗透率（网民数量占人口总数的比例）为26.6%。不过，各地区互联网发展情况差异较大。欧美地区（欧洲、北美和拉丁美洲）和大洋洲（主要指澳大利亚）的互联网发展已处于领先阶段，其中，北美、大洋洲和欧洲的互联网渗透率分别为76.2%、60.8%和53.0%，位居全球互联网发展的三甲位置。而亚洲由于人口基数庞大，互联网渗透率为20.1%，低于全球26.6%的平均水平，但未来发展潜力不容小觑。数据显示，互联网使用几乎涉及发达地区和发展中地区的每一个成年人和青少年。美国是全球互联网的发源地，经过多年的发展，美国互联网已经走进千家万户。数据显示，2010年美国网民总数约3亿，网络购物交易规模达到1 624亿美元。在西方发达国家中，互联网用户占总人口百分比非常高，超过了70%，而中国网民普及率仅为30%。

　　1969年互联网在美国诞生，1994年互联网来到中国。在我国，先后建立了中国公用计算机网、中国科学技术计算机网、中国教育和科研计算机网、国家公用经济信息通信网等互联网络。它们在中国的互联网中除了实现国际联网外，还分别扮演不同领域的角色，在我国的经济、文化、教育、科研以及对外交流中发挥了重要作用。

在享受网络带来的便利时，我们应该铭记一个人。1987年9月，钱天白教授发出第一封电子邮件"越过长城，通向世界"，成为使用中国互联网产品的第一人，在互联网上喊出了中国人的声音。钱天白教授负责的国际联网项目是在1986年由北京市计算机应用研究所实施的科研项目，这也是中国人第一次与国际互联网发生关系，此时互联网尚未商业化。此后，钱天白教授代表中国正式在国际互联网络信息中心的前身DDN-NIC注册登记了我国的一级域名CN，为中国在互联网上争得了一席之地，使中国成为互联网大家庭中的一员，并使得中国可以系统完善地规划自己的信息网络。他领导完成了中国国家一级域名服务器的设置，改变了中国的CN一级域名服务器放在国外的历史，是我国互联网的先驱者之一。从此，中国的互联网开始迅速发展。

　　尽管在1987年中国人已经向国外发出了第一封电子邮件，但是当时互联网的应用技术只被清华园及中科院高能物理所等单位的少数精英所掌握，互联网的概念更是仅在科研圈内的专业人士中探讨，新的技术并没有从"象牙塔"走到"十字街头"。

互联网在中国已遍地开花

进入21世纪，中国互联网取得了迅猛发展。目前在新闻资讯、电子商务、即时通信、网络视频、电子政务等方面已经走在世界前列。截至2010年12月，中国互联网网民总数4.57亿，手机移动互联网网民总数3.03亿，成为全球互联网和移动互联网网民总数最多的国家。

 互联网在广州

> 广州是中国互联网普及率最高的城市，具有"中国移动互联网故乡"的美誉。
> 中国第一家免费电子邮局在广州诞生。

追溯广州的互联网历史，恐怕要从1988年说起。当年，中国第一个X.25分组交换网CNPAC建成，当时覆盖北京、上海、广州、沈阳、西安、武汉、成都、南京、深圳等城市，奠定了广州互联网的基本框架。

不过，广州互联网的真正起步不得不提一个民营企业的名字：瀛海威。1997年2月，瀛海威全国网络开通，3个月内在北京、上海、广州、福州、深圳、西安、沈阳、哈尔滨八个城市开通，成为中国最早，也是最大的民营互联网服务提供商、互联网内容服务商。瀛海威为广州的普通老百姓提供了网络接入服务，并且与大量培训机构合作，培养市民上网，第一次真正意义的在大规模范围内

广州是中国互联网商业化的起源地

让互联网零距离接近广州市民。不过，当时的接入费用的确太高，让许多广州市民对互联网进家庭望而却步。

也正是在这个时候，与瀛海威服务功能基本一致的另一个中国最大的基础网络运营商中国电信开始觉醒。他们推出几乎相同的服务、更优质的网络和更便宜的资费。随后几年，广州市民无论在办公室、网吧、家庭都享受到了由中国电信为主要接入服务商提供的互联网服务。

不过，让广州人感觉到互联网的实在的，还是电子邮件。由于广州是我国最早的改革开放前沿阵地，与海外商务和文化交流密切，特殊的环境促成了中国第一家免费电子邮局的诞生。

1998年3月，当年广州电信数据分局属下的一家集体所有制公司——由时任局长张静君领导下的飞华公司开发的产品163电子邮局上线，深受广州市民热捧，并迅速传递给全国网民以及海外华人。而在此之前，广州的网民使用的几乎都是美国人的电子邮箱。163电子邮局是中国第一个免费的电子邮局（即现在人们常说的电子邮箱）。

由于当时中国的邮件通信基本是以邮政局的平邮和挂号等方式，一般在途时间为10~15天是常态。电子邮局最大的优势就是快捷便利，电子邮件以每秒绕地球7圈半的速度"递送"。即使考虑到网路的阻塞，电子信件到达目的地的时间也不会超过3分钟。也就是说，从南半球寄一封信到北半球，最多只需3分钟。而且，电子邮局是不用休息的，24小时运作，每天收发信件可达近百万封。

网络购物不再是年轻人的专利

足不出户，也可以免费与远方的亲朋好友进行近乎实时性的通信，163电子邮局改变了人们的通信方式。中国互联网研究机构艾媒咨询（iimedia research）统计数据显示，在1998年前，广州市民每天到电信部门发的电报超过1 000份，可是到了1999年，市民每天发的电报已降至100份左右。邮局的信函也大为减少，1999年的信函量比上年下降20%。

可以肯定的是，广州163电子邮局的诞生是中国互联网的一个分水岭。在这之前，互联网是高不可攀的，网上资讯大部分是专业信息，网民主要是高级知识分子。之后，随着中文电子邮箱的出现，互联网走入实用阶段，成为人们沟通的工具。免费快速的电子邮局让中国人看到了互联网的影响力，而电子邮局也成为早期推动中国人大规模使用互联网的动力，起源于广州的163电子邮局正是这一推动力的始祖。

广州也是中国移动互联网的故乡。根据艾媒咨询（iimedia research）《2009～2010年中国移动互联网市场以及用户发展状况调查报告》数据显示，自从3G发牌以来，广东手机网民发展迅速。目前广州手机网民总数已经超过1 000万。

163电子邮局发展迅速

综合考虑到流动人口因素，广州的手机网民普及率已经超过70%，是中国手机网民普及率最高的城市。而整个广东手机网民总数则已经超过4 500万，手机上网普及率超过40%。广东同时也是中国移动互联网行业的发源地，超过50%的中国手机网站建立在广东，3G门户、UC浏览器等移动互联网企业均诞生在广州。

目前，广州汇集了中国互联网的众多品牌，如网易、21CN、大洋网、广州视窗等已经是广州市民日常不可缺少的综合网络服务平台。

广州亚运无线城市绽奇葩

2010年广州亚运会独特的开闭幕式让世人留下了难以磨灭的印象，而整个亚运会期间大量运用网络等高科技手段，让人感觉到数字亚运已经真正到来。

2010年11月1日至12月31日期间，在广州市范围内的三大运营商无线城市宽带网络覆盖地区，向全体广州市民、来穗的访客和游人，免费提供无线宽带（WLAN）接入服务，这是国内首次大规模免费提供WLAN网络接入服务供市民和游客使用。在此期间，市民和访客可随时访问国际互联网，浏览亚运会现场比赛、网上直播、官方网站的最新信息，实现随时随地上网服务，分享亚运带来的喜悦，享受广州市政府门户网站的各种网上服务，共享"智慧广州"和"信息广州"的发展成果。

2010年广州亚运期间，亚运惠民无线城市宽带网络免费上网热点共计5 000个，分布在2 532个区域。其中中国电信为1 926个区域、中国移动为546个区域、中国联通为60个区域，主要分布在亚运场馆、政府机关、商务写字楼、宾馆酒店、商业场所、医院等场所，具有WIFI功能手机、装有无线网卡的笔记本电脑，都可以申请免费无线上网账号接入网络。在广州无线城市宽带网络覆盖的范围内，最多可满足15万人同时上网。让中外游客感觉到了广州在互联网方面极高的技术和服务水平。

科技小档案

全球互联网的始祖——阿帕网

阿帕网是美国国防部高级研究计划署早期组建的计算机网。

阿帕网于1968年开始组建，1969年第一期工程投入使用。开始时只有4个节点，1971年扩充到15个节点。

1975年7月阿帕网移交给美国国防部通信局管理。到1981年已有94个节点，分布在88个不同的地点。阿帕网的主要特点是：①可以共享硬件、软件和数据库资源；②利用分散控制结构；③应用分组交换技术（包交换技术）；④运用高功能的通信处理机；⑤采用分层的网络协议。这些特点在美国和西欧后来组建的计算机网中得到了广泛的应用和进一步的发展。

1968年，当参议员特德·肯尼迪听说BBN赢得了阿帕协定作为内部消息处理器时，他向BBN发送贺电祝贺他们在赢得"内部消息处理器"协议中表现出的精神。

1969年，美军在美国国防部高级研究计划署制定的协定下将美国互联网西南部的大学加利福尼亚大学洛杉矶分校、史坦福大学研究学院、加利福尼亚大学和犹他州大学的4台主要的计算机连接起来。这个协定由剑桥大学的BBN和MA执行，在1969年12月开始联机。

1970年6月，麻省理工学院、哈佛大学、BBN和加州圣达莫尼卡系统公司加入。

1972年1月，斯坦福大学、麻省理工学院的林肯实验室、卡内基梅隆大学和Case-Western Reserve U加入进来。紧接着的几个月内国家航空和宇宙航行局、Mitre、Burroughs、兰德公司和伊利诺利州大学也加入进来。

1983年，美国国防部将阿帕网分为军网和民网，渐渐扩大为今天的互联网。之后有越来越多的公司加入。

1991年，美国三家经营自己网络的公司组成商用互联网协会，向客户提供互联网服务。互联网最初设计是为了能提供一个通信网络，即使一些地点被核武器摧毁也能正常工作。如果大部分的直接通道不通，路由器就会指引通信信息经由中间路由器在网络中传播。最初的网络是给计算机专家、工程师和科学家用的，那个时候还没有家庭和办公计算机，并且任何一个用它的人，无论是计算机专家、工程师还是科学家都不得不学习非常复杂的系统。自从商业机构踏入互联网，人们发现互联网在资料检索、通讯、客户服务等方面潜力巨大，于是一发不可收拾。

20世纪90年代中期后，互联网在包括中国在内的数十个国家迅速爆发，成为名副其实的全球互联网。

 # 透视互联网

　　2009～2010年，中国网络世界突然涌现一股"开心热"，全国网民都在热传"开心农场"的"偷菜"。不过，有网友认为，"开心农场"并不是21世纪的网络专有名词，我国著名的诗人、辞赋家、散文家陶渊明先生早在1 600年前第一个向世人公开了"开心农场"的秘密，并写下了传世名作《桃花源记》：土地平旷，屋舍俨然。有良田美池桑竹之属，阡陌交通，鸡犬相闻。其中往来种作，男女衣着，悉如外人，黄发垂髫，并怡然自得。

　　网络世界就是一个全球性的"开心农场"。网络世界很复杂，如同人体一样。人华丽的外貌使我们看到的只是表象，但是每个人都有五脏六腑。互联网世界也一样，由各种"器官"组合而成，在这里，就让我们揭开互联网世界的神秘面纱吧。

 互联网中的世界语——TCP/IP协议

如果你是一个IT人，你可能不知道TCP/IP的发明者，但你不可能不知道TCP/IP；如果你不是一个IT人，你可能不知道TCP/IP，但你不可能不知道互联网。"申请专利从实际的角度是行不通的，如果新技术不是无偿和免费的话，人们就会远离我们而去"。TCP/IP的发明者们没有申请专利，没有把TCP/IP视为私有财产，才促成了今天互联网的成功。否则，当今世界还会出现首富比尔·盖茨吗？

TCP/IP是供连接在互联网的计算机进行通信的通信协议。众所周知，如今计算机上互联网都要进行TCP/IP协议设置。显然，该协议已成为当今地球村"人与人"之间的"牵手协议"。

通俗地说，协议就是约定。在日常工作和生活中，人与人、单位与单位之间能协调和谐地互动，就需要有约定。否则，各唱各的调，各打各的鼓，那就乱套了。在网络世界中，计算机与计算机之间能正确传送信息，协调工作，也必须有一套约定，这套约定称为通信协议。

为了满足不同的需要，人们已经为计算机网络设计了多种通信协议。在互联网中使用TCP/IP协议，进入互联网的计算机，只要安装了TCP/IP协议就可以畅通无阻。因此，我们把TCP/IP协议理解为互联网中的世界语。

实际上，TCP/IP主要由两类协议组构成，TCP称为传输控制协议，负责在传输层建立通信双方的连接。IP称为互联协议，负责在网络层实现网际多址及数据传输。

协议是网络间行事的基本准则

TCP/IP是美国国防部为阿帕网制订的协议，具体发明者是温顿·瑟夫和鲍勃·卡恩。TCP/IP虽然不是国际标准，但已经被公认为当今计算机网络中最成熟、应用最广的互联协议。其发明者温顿·瑟夫和鲍勃·卡恩荣获1997年美国"国家技术金奖"，并被人们称为"互联网之父"。

延伸阅读

计算机网络是一个非常复杂的系统，它包含着众多的计算机和相关设备，支撑着各式各样的应用。为了简化对它的分析、研究和设计，人们尝试过多种方法，其中一种方法是建立网络的体系结构模型。体系结构模型，使网络研究摆脱繁杂的具体事物，使问题得到抽象和简化，同时也为不同计算机之间互联和互操作提供相应的标准。

国际标准化组织（ISO）制订了网络体系结构的七层模型（OSI参考模型），该模型把计算机网络分成七层：物理层、数据链路层、网络层、传输层、会话层、表示层、应用层。TCP/IP的体系结构模型为四层：网络接口层、网络层、传输层、应用层。实践表明，四层结构比七层结构更简洁实用，因而得到更广泛的应用。

二 透视互联网

网络计算机的身份证号——IP地址

　　IP地址可以比作网络计算机的身份证号，又可以比作网络计算机的门牌号，个中理由，你知道吗？

　　在人类社会里，每一个人都有一个身份证号，而且，这个身份证号在全社会里是唯一的，别人不可冒充你，你也不可冒充别人。唯一的身份证号给社会管理和人们的工作、生活都带来了很多方便。

　　互联网是一个由许多网络和许多计算机组成的大社会（我们姑且称它为"互联网社会"）。作为"互联网社会"成员的计算机也需要有自己的"身份证号"，以便成员之间相互识别、相互通信、相互合作。这个"身份证号"称为互联协议地址，简称"IP地址"。

　　互联网组织给每台入网的计算机分配一个IP地址，并且保证这个地址在互联网中是唯一的。入网计算机有了IP地址，等于有了"身份证号"，就可以成为"互联网社会"的合法公民，可以在互联网通行无阻，可以共享互联网的资源，可以同互联网的其他成员进行信息交换、协作互动等工作。

　　在互联网中，IP地址是由"0"、"1"表示的一组二进制数。长度为32位二进制，即32bit。这里的"bit"，意思是"二进制"，是二进制数的最小单位。二进制数位数太多，长长的一串，看见就心烦。为了方便记忆，IP地址常常用4个十进制数来表示，十进制数之间用句点"."分隔。例如：192.168.1.123。这种表示方法，称为"点分十进制法"。我们在电脑上见到的IP地址就是这种形式。

值得指出的是，入网计算机是通过接口接入互联网的。接口就是入网计算机与网络沟通的门户，入网计算机的IP地址，也就是该计算机入网接口的地址。这样一来，IP地址就是入网计算机的"门牌号"了。

一般而言，一台计算机只有一个入网接口，因此它就只有一个IP地址。但是，对于那些"互联网社会"的大户人家——大型或超大型计算机，往往不止一个入网接口，因而它就可以拥有多个IP地址。不过，请记住，不管拥有多少IP地址，这些IP地址在互联网中都应该是唯一的。还有另外一种情况，为了某种需要（例如组成服务器群），有时会把多台计算机组织起来，但只分配给它们一个入网接口。这就意味着它们只有一个IP地址。这样的计算机组，在互联网看来就相当于一台计算机。

由上可见，IP地址具有唯一性特征，与身份证号的性质是相同的。但一台计算机可以拥有多个IP地址和多台计算机可以共用一个IP地址的情况，与身份证的应用要求是有差别的。这时的IP地址更像门牌号。

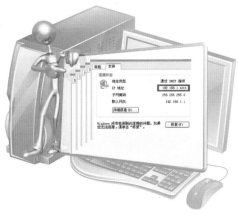

网络计算机的身份证号——IP地址

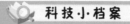

IP地址知多D

由于互联网连接很多网络，而每个网络又连接着很多计算机。所以IP地址由"网络标识"和"主机标识"两部分组成，其格式为：

网络标识	主机标识

网络标识，表示互联网中的一个网络。主机标识表示该网络中的一台计算机。显然，处于同一网络的各台计算机，其网络标识都是相同的。

为了满足不同场合的需要，IP地址分为A、B、C、D、E五种类型。其中，A、B、C三种是最常见的。

A类地址

0	网络标识（7bit）	主机标识（24bit）

B类地址

0	1	网络标识（14bit）	主机标识（16bit）

C类地址

1	1	0	网络标识（21bit）	主机标识（8bit）

A类地址的第一位固定为"0"，B类地址的第一、二位固定为"0、1"，C类地址的第一、二、三位固定为"1、1、0"。这些都是表示不同类型地址的特征，供系统识别之用。

A类地址的网络标识为7bit，主机标识为24bit。意味着A类地址允许有126个网络，每个网络允许有1 670万台主机（假定每台计算机只有一个入网接口）。该类地址通常分配给网络不多，但拥有大量主机的网络，例如主干网。

B类地址的网络标识为14bit，主机标识为16bit。意味着B类地址允许有16 383个网络，每个网络允许有65 353台主机。该类地址适用于网络较多，主机也较多的场合，如局域网。

C类地址的网络标识为21bit，主机标识为8bit。意味着C类地址允许有2 097 151个网络，每个网络允许有254台主机。该类地址适用于网络很多，但每个网络中的计算机不多的场合，如校园网。

在网络等多计算机系统中，起主要作用或控制作用的计算机称为主机，例如数据服务器、节点计算机等。每台主机都有一个唯一的IP地址，每台主机在互联网上的地位都是平等的。

 网络计算机的名字——域名

20世纪90年代，曾发生过一场抢注域名的风潮。一些投机分子纷纷在互联网上抢注知名企业、知名品牌的域名，并以此谋利。那么，域名究竟是什么宝贝？

统计资料表明，到1996年，我国约有700家企业的商标被作为域名抢注。其中包括广为人知的容声、海信、长虹、全聚德、同仁堂、五粮液、红塔山等。就连我们熟知的腾讯网（qq.com）也不是腾讯公司最先注册的，据称是2003年腾讯公司花了11万美元从美国的一个工程师那里高价买回来的。

IP地址由数字组成，数字的特点是抽象、枯燥。如果我们大家都用身份证号作为名字，其狼狈情况可想而知，恐怕父母儿女之间都不容易把对方的名字记住，同学、同事、朋友之间就更不用说

　　了。网络计算机也是这样，为了方便记忆和理解，不直接使用IP地址，而是把它符号化，用英文等文字符号来表示。

　　这种用文字符号表示的IP地址，就被称为"域名"。域名就是互联网中联网计算机的名字。例如，中国的域名为cn、教育机构的域名为edu、广东工业大学的域名为gdut，等等。

　　近年来，一些国家纷纷开发使用本国语言来表示域名，如法语、德语等。我国也在研究利用中文表示域名。不过，为了方便国际交流，在今后的相当长的时间内，以英文表示域名仍是主流。

　　域名既然是文字符号化的IP地址，它就具备IP地址的全部性质和功能。企业、学校、政府部门要加盟互联网，首先必须在互联网上注册自己的域名。这样自己的计算机才有身份证号和门牌号，才能在互联网上宣传自己的企业、推介自己的产品。所以，域名对于企业及一切要加入互联网的机构来说，都是十分重要的。

域名把互联网地球村信息融为一体

这就是域名地址，相当于人的身份证。

网络计算机的名字——域名

根据互联网的相关规定，注册域名一般只遵循"无重复、先申请、先注册"的原则，至于申请人所提出的域名是否违反第三方的利益，一般不作审查。一些投机分子就利用这个"漏洞"，走在企业之前，抢先注册企业的商标，然后向企业索要高的赎回费用，从中谋利。抢注高潮始于20世纪90年代，那时我国很多知名企业对互联网还很陌生，对自己的无形资产缺乏保护意识，致使许多知名企业、驰名商标都被抢注，造成很大的经济损失。

随着互联网的发展和应用，域名买卖已经成为一个行业，也正成为一种新的投资手段。insure.com是一个提供寿险、车险和健康险服务的保险网站，以1 600万美元售出，成为全球最昂贵的域名。生活类的域名也很走俏，beer.com是一家搜索啤酒新闻、啤酒历史和饮酒游戏的搜索引擎公司，2004年拍卖成交价竟达700万美元之巨！

由此可见，提高域名的保护意识是多么重要！

二 透视互联网

科技小档案

域名结构——网址

所谓域名结构，是按照一定的规则把相关域名连接起来，表示一个信息搜索路径的结构。为了方便管理和记忆，域名结构采用分级结构。一般的结构为：

主机名·三级域名·二级域名·一级域名

其中，一级域名为最高层域名，通常分配给主干网节点，例如 cn，是中国互联网的一级域名。此外，国际上还有COM，NET，ORG 等一级域名。二级域名为网络名，通常表示组网的部门。中国互联网目前的二级域名有40多个，包括政府部门（gov）、教育部门（edu）、商业部门（com）、军事部门（mil）等。三级域名为机构名，表示具体的机构。全国的任何机构都可以作为三级域名注册登记，挂在相应的二级域名之下。

上述的域名结构，就是我们通常所说的网址。通过网址就可访问相应的机构，获取到相关的信息。

例如，www.gdut.edu.cn是广东工业大学（gdut）的网址，进入该网址，你便可以获得广东工业大学的专业设置、办学特色、师资队伍、招生及分配等信息。从这个网址还可以看到，广东工业大学域名（gdut）是挂在教育科研网（edu）下的三级域名。主机名为www，表示提供www服务。

网址不一定都是三级域名结构。例如，广州日报大洋网的网址 www.dayoo.com，广州市公众信息服务网的网址card.gz.gov.cn。前者包含两级域名，后者包含四级域名，这要根据需要而定。值得注意的是，不同层次的域名，申请手续及费用是不同的。

互联网传输信息——数据包

互联网传输数据的方式有点像我们在邮局邮寄包裹，都是以"包"为单位。

"数据包"听起来有点抽象，但当你上网操作的时候，无时无刻都会感知到数据包的存在。例如，你上网打开网页这个简单的动作，就是你先发送数据包给网站，它接收到之后，根据你发送的数据包的IP地址，返回给你网页的数据包。也就是说，网页的浏览，实际上就是数据包的交换。收费比普通电话便宜得多的网络电话，也是传输数据包。

在互联网中，数据是打包传送的，因此"包"是TCP/IP协议通信中传输数据的单位，一般称"数据包"。

互联网传递信息——数据包工作流程

数据包主要由"目的IP地址"、"源IP地址"、"净载数据"等几部分构成。数据包的结构与我们平常邮寄的邮包的机构非常类似，目的IP地址是说明这个数据包是要发给谁的，相当于收件人地址。源IP地址是说明这个数据包是发自哪里的，相当于发件人地址。净载数据则相当于包裹内的东西。正是因为数据包具有这样的结构，安装了TCP/IP协议的计算机之间才能相互通信。我们在使用基于TCP/IP协议的网络时，网络中其实传递的就是数据包。

"数据包"通信方式的优点是：抗干扰能力强，可靠性高，通用性好，方便管理，网络线路能得到充分利用，成本较低。

如果你在互联网上打过电话（通常称为IP电话），便会发现打IP电话比打普通电话便宜。究其原因，主要是由于两者的通信方式不同而造成成本差异。普通电话采用语音传递，线路上需设置许多防音量衰减和防音质失真的设备，而且从电话接通时起到通话结束挂机时止，线路都被通话者占用，成本较高，收费就贵。而IP电话是先把语音转换成数字，然后打成数据包传送，到达目的地后才转换成语音。数据包在网络传送中有许多线路可以选择，不必长时间占用某一线路，再加上数据包通信的固有优点，线路中不必设置太多的防衰减防失真的设备，因而成本较低，收费自然就便宜。特别是打跨国的长途电话，采用IP电话更为划算。

TCP/IP是互联网互联的灵魂，但是为了实现众多计算机和众多网络的连接，还需要一些硬件和软件的配合。正所谓花儿虽好，还要绿叶扶持。

计算机网络的"高速公路"——传输介质

　　提起互联网信息高速公路的主要传输介质——光纤,不得不提其发明者、诺贝尔奖获得者、英籍华人高昆。世界上最重大的发明往往来源于最原始的发现,当年一位工人用铁桶打水,因桶上有一个小洞,水从洞口往外流,这位工人用手电筒放在水桶内往外照,发现光线是顺着水流呈抛物线照射,而不是呈直线照射。高昆利用这个原理提出了光纤通信的设想,如今已成现实,光纤通信成为我们今天宽带上网的主要介质。

　　生活中的介质主要是气体、液体和固体,因为需要而自然形成各种形体。众多信息及物质的传递都离不开这些介质,而介质的作用也正是如此。计算机网络需要一个载体去传递各种信息,所以也产生了介质,而这种介质称之为传输介质。

　　网络传输介质是指在网络中传输信息的载体,常用的传输介质分为有线传输介质和无线传输介质两大类。

　　(1)有线传输介质是指在两个通信设备之间实现的物理连接部分,它能将信号从一方传输到另一方,有线传输介质主要有双绞线、同轴电缆和光纤。双绞线和同轴电缆传输电信号,光纤传输光信号。

　　(2)无线传输介质是指我们周围的空气,传输的信号是电磁波。根据电磁波的频谱可将其分为无线电波、微波、红外线、激光等。

　　不同的传输介质,其特性也各不相同。他们不同的特性对网络中数据通信质量和通信速度有较大影响。

计算机网络的"架构师"——交换机

交换机是互联网世界中不可缺少的设备，关于其工作原理，最近被网友用《西游记》活用：

话说唐僧西进，出发前，观音菩萨把压在五指山下齐天大圣孙悟空的电话号码告知了他。（Mac地址）

临近五指山脚，唐僧拨通了大圣的手机。（建立连接）

唐僧对他说："悟空，菩萨让我来找你了，我一个人取西经太不容易了，赶紧出山帮我吧"。（独享信道）

孙悟空听了非常不耐烦，没等唐僧说完就回了一句："师傅，都等你五百年了，我手机都快没电啦"。（全双工方式）

交换机是连接计算机、服务器、大容量硬盘存储器等的一种设备。交换机有多个接口（Mac地址），可以使多台计算机、服务器和硬盘存储器按照一定的架构建立连接，实现相互通信、资源共享、协同工作。因此，我们称它为计算机网络的"架构师"。它又像观音菩萨，把唐僧师徒五人连接在一起，组成了西天取经的最佳团队。

交换机其实与我们的工作、生活很近。我们所在的办公大楼、学校校区、高档住宅小区，交换机无时无刻不在为我们服务。办公大楼、学校校区、高档住宅小区都有不少的计算机，是交换机把它们连接起来，并按照我们的要求分成不同的组别，方便应用。

在我们的生活中，目前个人使用比较多的宽带接入方式是ADSL。目前一般电信运营商在宽带接入时配备的ADSL Modem（日常生活中我们称之为"猫"）大多具有路由功能，本身自带几个输出口，可满足几个人同时上网的需求。不过，如果有10台甚至更多的计算机希望

数据链路层上的"架构师"——交换机

通过这个宽带上网，你就需要再购买一台或多台交换机（或者集线器）。此时，一般用一台交换机作为主交换机，其余交换机接入主交换机。计算机则根据其在系统中所处的地位而接入相应的交换机。数据库服务器通常接入主交换机，以方便其他计算机共享。

那么，前文提到与交换机功能相似的集线器，二者有什么区别呢？在一般使用上，二者的确有许多相似之处，都实现了网络资源的共享。不过从带宽来看，集线器不管有多少个端口，所有端口都共享一条带宽，在同一时刻只能有两个端口传送数据，其他端口只能等待，同时集线器只能工作在半双工模式下。而对于交换机而言，每个端口都有一条独占的带宽，当两个端口工作时并不影响其他端口的工作，同时交换机不但可以工作在半双工模式下，也可以工作在全双工模式下。

因此，在比较大型的网络布局中，推荐使用交换机，以提高传输效率和保证数据传输质量。

延伸阅读

全双工是通讯传输的一个术语。单工就是在同一时间只允许一方向另一方传送信息，另一方不能向一方传送。而全双工是在微处理器与外围设备之间采用发送线和接受线各自独立的方法，可以使数据在两个方向上同时进行传送操作。在发送数据的同时也能够接收数据，两者同步进行，这好像我们平时打电话一样，说话的同时也能够听到对方的声音。目前的交换机一般都支持全双工。

网络世界的"交通警察"——路由器

路由器同样也是互联网世界中不可缺少的设备，关于其工作原理，最近被网友用《三国演义》活用：

话说当年刘备三顾茅庐请诸葛亮出山。

出发前，刘备差人查清"诸葛亮琅琊人，躬耕南阳，往来隆中"，"诸葛草庐，在南阳县七里卧龙岗"。于是他把这个信息记录在他粉红色的笔记本上。（建立路由表）

随后，刘备、关羽、张飞一行找到了诸葛亮的地址（IP地址），不过诸葛先生在外漂游讲学，经过多方打听好不容易才确定了找到他的途径。（路由选择）

刘备等人驱马前进，问到了南阳之路，而在南阳又问到了七里卧龙岗所在的区域，经过N次询问（N跳），终于找到了诸葛亮所在的茅庐。于是，闻名中外的刘备"三顾茅庐"的故事从此流传千年。

在互联网中，路由器连接着各个计算机网络，包括局域网及广域网。路由器是网络世界的交通枢纽和通行站。目前路由器已经广泛应用于各行各业，各种不同档次的产品已经成为实现各种骨干网内部连接、骨干网间互联和骨干网与互联网互联互通业务的主力军。

路由器的一个作用是连通不同的网络，另一个作用是选择信息传送的路径。选择通畅快捷的近路，大大提高通信速度，减轻网络系统通信负荷，节约网络系统资源，提高网络系统畅通率，从而让网络系统发挥出更大的效益来。难怪路由器被人昵称为不知疲倦的网络世界"交通警察"。

互联网各种级别的网络中随处都可见到路由器。接入网络使得家庭和小型企业可以连接到某个互联网服务提供

网络世界的"交通警察"——路由器

商；企业网中的路由器连接一个校园或企业内成千上万的计算机；骨干网上的路由器终端系统通常是不能直接访问的，它们连接长距离骨干网上的ISP和企业网络。互联网的快速发展无论是对骨干网、企业网还是接入网都带来了不同的挑战。

进入21世纪，在家庭和小型单位中，无线网络路由器正被广泛应用。它是一种用来连接有线和无线网络的通信设备。它可以通过Wi-Fi技术收发无线信号来与个人数码助理和笔记本等设备通信。无线网络路由器可以在不设电缆的情况下，方便地建立一个计算机网络。但是，在户外通过无线网络进行数据传输时，它的速度可能会受到天气的影响。其他的无线网络还包括了红外线、蓝牙及卫星微波等。

二 透视互联网

无线路由上网更便利

 数据现形的"照妖镜"——浏览器

　　蒂姆·伯纳斯·李是第一个使用超文本来分享资讯的人，他于1990年发明了首个网页浏览器World Wide Web。1991年3月，他把这个发明介绍给了他的朋友。从那时起，浏览器的发展就和网络的发展联系在一起。

　　1994年10月，网景公司在全球发布了他们的旗舰产品网景导航者，但第二年网景公司的优势就被削弱了。错失了互联网浪潮的微软公司在这个时候仓促地购入了Spyglass公司的技术，改成Internet Explorer，掀起了软件巨头微软公司和网景公司之间的浏览器大战，这同时加快了互联网的大发展。

人们在上网的时候，必须要用到一个工具：浏览器。因为网页其实是由若干的源代码工具按某种规则排序而成，除非专业人士，一般老百姓可看不懂源代码所表述的意思，唯有通过浏览器，才能把枯燥乏味的源代码显示成丰富多彩的多媒体网页。

　　万维网服务的客户端浏览程序，用户可向万维网服务器发送各种请求，并对从服务器发来的超文本信息和各种多媒体数据格式进行解释、显示和播放。

　　网页浏览器主要通过HTTP协议与网页服务器交互并获取网页，这些网页由URL指定，文件格式通常为HTML，并由MIME在HTTP协议中指明。网页浏览器是个显示网页服务器或档案系统内的文件，并让用户与这些文件互动的一种软件，它用来显示在万维网或局域网内的文字、影像及其他资讯。这些文字或影像，可以是连接其他网址的超链接，用户可迅速及轻易地浏览各种资讯。网页一般是HTML的格式，有些网页是需使用特定的浏览器才能正确显示。

　　个人计算机上常见的网页浏览器包括Internet Explorer、Firefox、Safari、Opera、HotBrowser、Chrome、Avant 浏览器、360安全浏览器、世界之窗、腾讯TT、搜狗浏览器、傲游浏览器等。浏览器是互联网网民最经常使用到的客户端程序。

主流浏览器集合

延伸阅读

　　多媒体即承载信息的媒介。常用的媒体是数字、符号、文字。随着计算机应用的发展，通常指在计算机控制下把文字、声音、图形、影像、动画和电视等多种类型的信息，混合在一起交流传播的手段、方式或载体，称为多媒体。

 网络信息的"储备仓库"——网站

　　在互联网世界中，网络语言已经与生活密不可分，生活与网络几乎已经融为一体。

　　有人在网吧上网突然肚子疼要去厕所，于是，他便问老板："老板，WC在哪？"老板回了一句："哦，对不起，我们这没这网站"。

　　如果形象地比喻，域名就相当于一个网站的名称，网站的空间就相当于一个仓库，可以存放许多的信息。站在应用的角度，网站是人们在互联网上开辟的一块向全世界发布信息和提供服务的地方，全世界的网民都可通过浏览器来访问网站，获取所需的信息，或享受相关的网络服务。

　　网站通常由域名（俗称网址）、网站存储空间和网站信息资源（包括相关的管理软件和服务软件）三部分构成。在互联网的早期，网站还只能保存单纯的文本。经过几年的发展，当万维网出现之后，图像、声音、动画、视频，甚至3D技术开始在互联网上

网络信息储备仓库——网站

流行起来，网站也慢慢地发展成我们现在看到的图文并茂的样子。通过动态网页技术，用户也可以与其他用户或者网站管理者进行交流。也有一些网站提供电子邮件服务。

　　衡量一个网站的性能通常从网站存储空间大小、网站位置、网站连接速度（俗称"网速"）、网站软件配置、网站提供服务等几方面考虑，最直接的衡量标准是进出这个网站的信息流量，信息流量大，说明访问该网站的人数多，网站的知名度高。

　　根据美国相关统计机构统计结果显示，目前全球访问量最高的网站当属谷歌（google.com），这家以搜索服务起家的网站，集成了全球最丰富的网络内容入口。谷歌提供的服务包括内容搜索、电子邮件、网络广告等服务，远超过了美国新闻资讯门户雅虎（yahoo.com）。

在中国，访问量最高的网站当属百度（baidu.com）、腾讯网（qq.com）、搜狐（sohu.com）、新浪（sina.com.cn）以及网易（163.com）等。百度是一家与美国谷歌相类似的搜索类网站，其提供的服务包括网站资讯搜索、网站导航、音乐、视频、小说、贴吧和电子商务等服务。腾讯网、搜狐以及新浪、网易等则属于新闻资讯类门户，以提供新闻资讯、网络游戏、社区服务、电子邮箱等服务为主，在中国具有极高的知名度。

除此之外，在中国还有一些被网民经常访问的知名网站。阿里巴巴（alibaba.com）是中国商人必去的全球电子商务交易平台，开创了全球电子商务交易的先例，成为永不落幕的"广交会"；淘宝（taobao.com）则是阿里巴巴旗下另外一个从事电子商务的网站，与阿里巴巴不同的是，淘宝是为卖家向买家提供的网络版大集市，借助淘宝网的支付宝担保功能，网民几乎可以在淘宝上购买到市场上可以看到的一切商品。

在娱乐方面，中国人最喜欢的网站包括视频网站土豆（tudou.com）、优酷（youku.com）等；而在社区交友方面，年轻人更喜欢人人网（renren.com）和开心网（kaixin001.com）。不过，近年冒出的儿童社区网站淘米网（61.com）则是专属于7～14岁少年儿童的欢乐天地，有中国网络"迪士尼世界"之称。

3 完善周到的互联网服务

互联网为什么神通广大，原因是它在技术上提供了各种应用所需要的各种服务，同时，也造就了大批忠实用户。有网友把享受互联网服务成精的人称为网虫。

所谓网虫，就是在杂志上看到下划线就想用鼠标去点的那人。

所谓网虫，就是睡梦中把枕边人身子误作键盘使的那人。

所谓网虫，就是半夜起来，上卫生间的中途去收伊妹儿的那人。

所谓网虫，就是屁股钉在椅子上，恨不得把电脑椅改装成便捷式马桶的那人。

所谓网虫，就是为了能上网，拍老婆马屁把老婆叫美眉的那人。

所谓网虫，就是网上有无数个名字，而快忘了自己叫什么的那人。

所谓网虫，就是网络上口若悬河的大虾，生活中严重口吃的患者。

所谓网虫，就是在街头和你打招呼，开口就"呵呵"的那人。

所谓网虫，就是收着信、看着BBS、聊着天、打着电话、浏览着网站、玩着游戏、看着新闻，眼睛盯得像企鹅的那人。

我们希望大家都能成为精通互联网服务的高手，但不要成为网虫。

 远程登录服务

> 远程登录服务是互联网的基本服务之一。在该服务支持下，可以将本地用户的计算机与远程主机连接起来，并作为该远程主机的终端来使用。

在计算机系统中，分时系统允许多个用户同时使用一台计算机，为了保证系统的安全和记账方便，系统要求每个用户有单独的账号作为登录标识，系统还为每个用户指定了一个口令。用户在使用该系统之前要输入标识和口令，这个过程被称为"登录"。

远程登陆是指用户使用Telnet命令，使自己的计算机暂时成为远程主机的一个仿真终端的过程。仿真终端等效于一个非智能的机器，它只负责把用户输入的每个字符传递给主机，再将主机输出的每个信息回显在屏幕上。

远程登录服务除了在用户计算机与远程主机之间建立一种有效的连接外，还为用户提供在本地计算机上完成远程主机工作的能力。例如，共享远程主机上的软件和数据资源，利用远程主机提供的信息查询服务进行信息查询，等等。

本地用户计算机登录远程主机有两种情况：一是该用户必须在这台远程主机上拥有合法的账号和密码，否则，远程主机将拒绝登录。二是目前互联网上已有一些主机开放了远程登录服务，只要知道该远程主机的网址，无需密码就能登录到该台主机上。

就职于美国国防部发展军用网络阿帕网BBN电脑公司的计算机工程师——雷·汤姆林森，带来了一场划时代的变革。他个性沉默寡言，小心谨慎且特别谦虚。1971年，汤姆林森奉命寻找一种电子邮箱地址的表现格式，他首先编写了一个小程序，可以把程序的文件转移协议与另外一个程序的发信和收信能力结合起来，从而使一封信能够从一台主机发送到另外一台。于是，第一封电子邮件就诞生了。

通俗地讲，电子邮箱业务是一种基于计算机和通信网的信息传递业务，是利用电信号传递和存储信息的方式为用户提供传送电子信函、文件数字传真、图像和数字化语音等各类型的信息。

电子邮箱是通过网络电子邮局为网络客户提供网络交流电子信息的空间。电子邮箱具有存储和收发电子信息的功能，是互联网中最重要的信息交流工具。电子邮件最大的特点是，人们可以在任何地方、时间收、发信件，解决了时空的限制，大大提高了工作效率，为办公自动化、商业活动提供了很大便利。

汤姆林森发出第一封电子邮件后，邮件送达的准确率是个问题，因此他要完成的工作是如何确保这个邮件抵达正确的计算机。他需要一个标识，以此把个人的名字同他所用的主机分开。@——汤姆林森一眼就选中了这个特殊的字符，这个在人名之中绝对不会出现的符号。汤姆林森事后回忆："它必须简短，因为简洁是最重要的。它出现了，@是键盘上唯一的前置标识。我只不过看了看它，它就在那里，我甚至没有尝试其他字符。"这样一来，既可以简洁明了地传递某人在某地的信息，又避免了计算机处理大量信息时产生混淆，第一数字地址传递tomlinson@bbntenxa就应运而生了。

E-mail——廉价的电子邮局

在网络中，电子邮箱可以自动接收网络中任何电子邮箱所发的电子邮件，并能存储规定大小的多种格式的电子文件。电子邮箱具有单独的网络域名，其电子邮局地址在@后标注。E-mail像普通的邮件一样，也需要地址，它与普通邮件的区别在于它是电子地址。

邮件服务器就是根据这些地址，将每封电子邮件传送到各个用户的信箱中。就像普通邮件一样，你能否收到你的E-mail，取决于你是否取得了正确的电子邮件地址。一个完整的互联网邮件地址由以下两个部分组成，格式如下：登录名@主机名.域名。以网易163电子邮箱iimedia@163.com为例，iimedia即登录名，@为邮箱用户名与域名之间的间隔符，理应用"at"的缩写，163则为主机名，com则为域名。

目前，电子邮件的应用已经非常普及，其具有以下几个优点：

（1）发送速度快。电子邮件通常在数秒内即可送达全球任意位置的收件人信箱中，其速度比电话通信更为高效快捷。如果接收者在收到电子邮件后的短时间内作出回复，往往发送者仍在计算机旁工作的时候就可以收到回复的电子邮件，接收双方交换一系列简短的电子邮件就像一次次简短的会话。

（2）信息多样化。电子邮件发送的信件内容除普通文字内容外，还可以是软件、数据，甚至是录音、动画、电视或各类多媒体信息。

（3）收发方便。与电话通信或邮政信件发送不同，E-mail采取的是异步工作方式，它在高速传输的同时允许收信人自由决定在什么时候、什么地点接收和回复，发送电子邮件时不会因"占线"或接收方不在而耽误时间，收件人无需固定守候在线路另一端，可以在用户方便的任意时间、任意地点，甚至是在旅途中收取E-mail，从而跨越了时间和空间的限制。

（4）成本低廉。E-mail最大的优点在于其低廉的通信价格，用户花费极少的费用即可将重要的信息发送到远在地球另一端的用户手中。

（5）更为广泛的交流对象。同一个信件可以通过网络极快地发送给网上指定的一个或多个成员，甚至召开网上会议进行互相讨论，这些成员可以分布在世界各地，但发送速度则与地域无关。与任何一种其他的互联网服务相比，使用电子邮件可以与更多的人进行通信。

（6）安全。E-mail软件是高效可靠的，如果目的地的计算机正好关机或暂时从互联网断开，E-mail软件会每隔一段时间自动重发，如果电子邮件在一段时间内无法递交，系统会自动通知发信人。作为一种高质量的服务，电子邮件是安全可靠的高速信件递送机制，互联网用户一般只通过E-mail方式发送信件。

电子邮件已经广泛应用在人们的日常生活和工作中。网民仅需要在网站上注册一个电子邮箱，便可以不受时间和空间的约束，随时随地向自己的亲朋好友发送邮件。目前，电子邮件应用最广泛的内容包括情感交流、商务往来、生日和节日问候、信息分享等。在中国，大量企业向网民提供免费电子邮箱，如腾讯网、网易、中国移动、中国电信和中国联通等，而网民也可以根据自身对安全性、邮箱容量、传输容量等的需要，支付一定的服务费用，向服务商定做功能更为强大的企业邮箱等服务。

文件双向传输服务（FTP）

如果你是一个网民，"上传"和"下载"这两种操作你一定经常使用。但文件为什么能"上传"、"下载"，恐怕就不是每一个人都清楚了。其实这两种功能是由互联网的"文件双向传输服务"提供的。

顾名思义，文件双向传输服务是为了解决两台计算机之间的文件双向传输问题。"上传"就是将用户计算机的文件传到远程主机；"下载"则是将远程主机上的文件传到用户计算机。值得注意的是，用户计算机必须与远程主机建立连接并登录后，才可进行文件传输。通常，用户需要在远程主机上进行注册，建立账号，拥有合法的用户名和密码后，才能成功登录。

　　与前述的"远程登录服务"相比，两者虽然都需要连接登录，但连接登录成功后的操作内容是不相同的。在"远程登录服务"中，用户计算机变成了"哑终端"，用户能获得的服务完全取决于所连接的远程主机提供的服务，一切服务完全在远程主机上执行，用户不能从远程主机下载文件，也不能把用户计算机的文件上传给远程主机。"文件双向传输服务"则不同，用户能上传或下载文件，但不能请求远程主机执行某个文件。

　　文件双向传输为网络管理员远程控制和为网站内容的更新提供了最有效的途径。一般而言，装载网站内容的服务器通常都不是放置在网络公司的办公室内，而是存放在具有特定温度、特定湿度和特定清洁度的机房（IDC）内，管理员要及时对网站程序和内容更新，则通常是通过远程登录来实现。这种办法既简单又快捷，能够节约时间和成本，目前已经广泛应用在几乎所有的网站管理和在线远程交流的服务中。

　　FTP对于网民来说，最大的好处就是可通过FTP在任何两台联网的主机之间拷贝文件。用户可以通过它把自己的电脑与世界各地所有运行FTP协议的服务器相连，访问服务器上的大量程序和信息。但是，实际上大多数人只有一个Internet账户，FTP主要用于下载公共文件，例如共享软件、各公司技术支持文件等。互联网上有成千上万台匿名FTP主机，这些主机上存放着数不清的文件，供用户免费拷贝。

实现FTP的功能，通过IE等浏览器启动FTP的方法尽管可以使用，但是速度较慢，还会将密码暴露在浏览器中而不安全。因此一般都安装并运行专门的FTP客户程序。LeapFTP、CuteFTP等都是应用非常广泛的FTP软件。

 多媒体信息服务（WWW）

1989年3月，伯纳斯·李撰写了"关于信息化管理的建议"一文，文中提及 ENQUIRE 并且描述了一个更加精巧的管理模型。1990年11月12日他和罗伯特·卡里奥合作提出了一个更加正式的关于万维网的建议。1990年11月13日，他在一台NeXT工作站上写了第一个网页以实现他文中的想法，在那年的圣诞假期，伯纳斯·李制作了要一个网络工作所必需的所有工具：第一个万维网浏览器（同时也是编辑器）和第一个网页服务器。1991年8月6日，他在alt.hypertext新闻组上贴了万维网项目简介的文章，这一天也标志着互联网上万维网公共服务的首次亮相。

WWW是环球信息网的缩写，也可以简称为Web，中文名字为"万维网"。万维网并不是一种特殊的计算机网络，而是一个庞大的联机式的信息资源空间，它是互联网中最受欢迎的一种多媒体信

WWW为用户提供多媒体信息服务

息服务系统。

万维网由三部分组成：Web服务器、浏览器和通信协议。其中，Web服务器提供多媒体信息服务。浏览器是浏览网上信息的工具。目前中国网民最常用的浏览器是微软公司推出的中文版浏览器IE。IE是专门为Windows设计访问互联网的WWW浏览工具。万维网的通信协议是超文本传输协议（HTTP），该协议是TCP/IP的扩充。

最早关于WWW的网络构想可以追溯到遥远的1980年蒂姆·伯纳斯·李构建的一个项目。而万维网的设计却是欧洲原子核研究委员会于1989年3月提出的，当时，开发万维网的动机是为了使分布在好几个国家的物理学家们能更方便地利用图形、照片等协同工作。

目前，越来越多的企业和单位开始使用万维网服务。提供万维网服务的企业一般称作域名主机服务商，比如中国万网、新网互联等就是中国知名的主机服务商。网民需要建立自己的网站，首先必须向这些域名主机服务商申请域名，付费后即可享受万维网等服务。

总体来说，WWW采用客户机/服务器的工作模式，其工作流程具体如下：

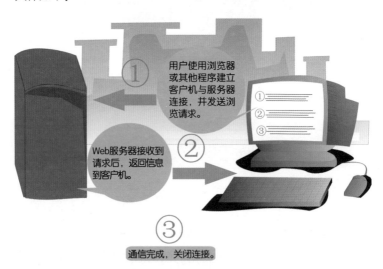

① 用户使用浏览器或其他程序建立客户机与服务器连接，并发送浏览请求。

② Web服务器接收到请求后，返回信息到客户机。

③ 通信完成，关闭连接。

WWW采用客户机/服务器的工作流程

万维网是人类历史上最深远、最广泛的传播媒介。它可以使用户和分散于这个行星上不同时空的其他人群相互联系，其人数远远超过通过具体接触或其他所有已经存在的通信媒介所能达到的数目。由于万维网是全世界性的，有些人认为它将培养人们全球范围的相互理解。万维网也许能培育人们的相互同情和合作，但是也有可能被利用煽动全球范围的敌意。新技术常常是一把双刃剑。

电子公告板服务（BBS）

在还没有网络的时代，人们通常是在公布黑板上发布消息，又或是贴告示。而BBS就是这么一个公告板，一个高速、环保的公告板，为人们传递资讯提供了平台。BBS在年轻人尤其是大学生中最流行，有关"BBS过量症"已经成为网络热传的笑话：

进图书馆发现忘记带学生证，问馆员可不可以用guest参观。

开学时拿到注册单，不加思考地写上new。

在街上看到美女帅哥就想page人家。

在杂志上看到有意思的文章就想按[R]来reply。

受到委屈刺激时，第一个反应就是冲上网去大骂一番！

学习不好的学生，做梦都以为BBS的全名是ByeBye School。

BBS的英文全称是Bulletin Board System，中文译为"电子公告板"。BBS最早是用来公布股市价格等信息的，当时BBS连文件传输的功能都没有，而且只能在苹果计算机上运行。

起初的BBS系统是报文处理系统，系统的唯一目的是在用户之间提供电子报文。随着时间的推移，BBS系统的功能有了扩充，增加了文件共享功能。

早期的BBS与一般街头和校园内的公告板性质相同，只不过是通过计算机来传播或获得消息而已。一直到个人计算机开始普及之后，有些人尝试将苹果计算机上的BBS转移到个人计算机上，BBS才开始渐渐普及开来。近些年来，由于爱好者们的努力，BBS的功能得到了很大的扩充。

BBS——互联网上的电子公告板

目前，通过BBS系统可随时取得国际最新的软件及信息，也可以通过BBS系统来和别人讨论计算机软件、硬件、互联网、多媒体、程序设计以及医学等等各种有趣的话题，更可以利用BBS系统来刊登一些"征友"、"廉价转让"及"企业产品推介"等启事。BBS这个园地就在你我的身旁，只要你拥有1台计算机、1只调制解调器和1条电话线，就能够进入这个"超时代"的领域，进而去享用它无比的乐趣！

BBS系统最初是为了给计算机爱好者提供一个互相交流的地方。70年代后期，计算机用户数目很少且用户之间相距很远，因此，BBS系统（当时全世界一共不到一百个站点）提供了一个简单方便的交流方式，用户通过 BBS可以交换软件和信息。到了今天，BBS的用户已经扩展到各行各业，除原先的计算机爱好者们外，商用BBS操作者、环境组织、宗教组织及其他利益团体也加入了这个行列。只要浏览一下世界各地的BBS系统，你就会发现它几乎就像地方电视台一样，花样非常多。

1998年被称为中国互联网上网潮的元年。网络社区也正是从这一年开始，BBS的影响力逐渐凸显出来。当今社会，大部分年轻人都不太看电视和报纸，获得资讯的主要途径就是网络。在BBS上，大家可以对自己所看到的、听到的、想到的任何一件事做出评论。谁也不知道自己的帖子可能会获得成千上万人的支持，就像在1997年"四通利方"论坛上，一篇名为"大连金州没有眼泪"的帖子就感动了无数的人，仅仅48小时就被阅读了2万余次。

目前，人气比较旺盛的BBS包括搜狐BBS、新浪BBS、网易BBS等BBS网站，而更受年轻大学生欢迎的高校BBS包括紫丁香（哈尔滨工业大学）、饮水思源（上海交通大学）、北大未名（北京大学）、水木清华（清华大学）等。

丰富多彩的互联网应用

互联网应用如大海，无边无际；互联网应用如烟花，多姿多彩；互联网应用如烈火，让你我的工作、学习、生活、娱乐等方式火红火红。互联网世界是一个轻松的世界，在互联网中，网友通过娱乐化的遐想，把看似深奥的道理大众化。

活用但丁语录：上你的网，让别人去说吧！

活用李商隐语录：昨夜星辰昨夜风，画楼西畔网廊中，"猫"无彩凤双飞翼，心有灵犀一点通。

活用托尔斯泰语录：幸福的网恋都是相似的，不幸的网恋各有各的不幸。

活用雨果语录：世界上最宽阔的是海洋，比海洋更宽阔的是人的胸怀，比人的胸怀更宽阔的是宽带网。

二 透视互联网

超越时空的媒体传播

中国自1994年接入互联网之后，国内众多的新闻媒体也开始关注并介入网络，许多新闻媒体开始发展自己的网络版或电子版。1995年1月12日，《神州学人》杂志开中国出版刊物上网之先河。1995年10月20日，《中国贸易报》首先开通网络版，成为新闻上网的先行者。之后，位于广州的广东人民广播电台于1996年10月建立自己的网站，1996年12月中央电视台也建立自己的网站，以及中国新闻社香港分社的上网，标志着中国新闻媒体的网络化进程迈向新台阶。

自1995年以来的15年时间，中国各类新闻媒体上网的数量飞速增长。至2010年底，中国上网的报纸超过1 000家，上网的广播电视机构超过400家。目前国内有独立域名的网上媒体占媒体总数的90%以上。

"互联网媒体"又称"网络媒体"，就是借助国际互联网这个信息传播平台，以计算机、电视机以及移动电话等为终端，以文字、声音、图像等形式来传播新闻信息的一种数字化、多媒体的传播媒介。互联网媒体相对于早已诞生的报纸、广播、电视等媒体而言，又是"第四媒体"。从严格意义上说，互联网媒体是指国际互联网被人们所利用的进行新闻信息传播的那部分传播工具和方式。它对传统媒体有全方位的冲击。

目前，互联网媒体已经是全球媒体传播的最主要力量。这种全球性，实际上也表明了网络的传播具有一种开放性的特征。互联媒体整合了报纸、广播、电视三大媒介的优势，实现了文字、图片、声音、图像等传播符号和手段的有机结合。无论身在何方，人们不会再因为地域、时间以及语言的限制而造成信息的不对称。只要通过互联网媒体，可以实时了解和查阅全球正在发生的资讯，甚至可以通

超越时空的媒体传播

过音频、视频等工具，获得想要了解的信息，是名副其实的超越时空的多媒体传播。

互联网媒体的全球化特征主要体现在传授双方，即信息传播的全球化和信息接受的全球化。互联网媒体打破了传统媒体的传播范围，有利于地方性媒体和全国性媒体、弱势媒体与强势媒体的竞争，甚至个人网站亦可以在一夜之间成为全世界网民关注的对象。例如最早报道克林顿与莱温斯基绯闻的，就是美国的一位年轻人马特·德鲁吉开设的个人网站。此外，网络媒体在信息传输量上具有无限的丰富性；在信息形态上具有纷繁的多样性。无论是报纸、广播、电视，在单位时间（节目）和空间（版面）中所传播的信息，都是有限的，而互联网媒体贮存和发布的信息容量巨大，有人将其形象地比喻为"海量"。

二 透视互联网

无孔不入的网络搜索

> 1998年9月7日，佩奇和布林在美国加州郊区的一个车库内正式创建了搜索企业——谷歌（Google）公司，当时它还是一家名不见经传的小型创业公司。10年之后，Google已成为全球知名度最高的互联网品牌之一，年赚250亿美元以上的世界超级大企业。2010年10月，Google公司市值达到1 916.9亿美元，接近微软公司的2 210.1亿美元，其股价最高一度突破每股700美元的天价，成为世界最大的纯互联网企业。

长期以来，人们如果想找一些自己不曾了解的东西，图书馆是最好的选择。不过，传统找资料的方式既耗时又耗力，往往得不偿失。其实，所有的这一切，网络搜索引擎几乎都可以代劳。只要你输入你要查找内容的关键词，搜索引擎会在几秒之内把相关的所有内容呈现给你，让你满载而归。

万维网环境中的信息检索系统（包括目录服务和关键字检索两种服务方式），其搜索引擎是指根据一定的策略，运用特定的计算机程序搜集互联网上的信息，对信息进行组织和处理后，将处理后的信息显示给用户，是为用户提供检索服务的系统。

现代搜索引擎的鼻祖来自于1990年，加拿大麦吉尔大学计算机学院3名学生发明的Archie。当时，万维网还没有出现，人们通过FTP来共享交流资源。Archie能定期搜集并分析FTP服务器上的文件名信息，提供查找分别在各个FTP主机中的文件，这一方式奠定了现代搜索技术的基本框架。

搜索是互联网的主要应用

　　1994年4月，斯坦福大学的2名博士生，美籍华人杨致远和大卫·费罗共同创办了雅虎（Yahoo）。随着访问量和收录链接数的增长，雅虎目录开始支持简单的数据库搜索。因为雅虎的数据是手工输入的，所以不能真正被归为搜索引擎，事实上只是一个可搜索的目录。雅虎中收录的网站，因为都附有简介信息，所以搜索效率明显提高。

　　随着雅虎的出现，搜索引擎的发展也进入了黄金时代，相比以前其性能更加优越。现在的搜索引擎已经不只是单纯搜索网页的信息了，它们已经变得更加综合化、完美化了。搜索引擎是一个为你提供信息"检索"服务的网站，它使用某些程序把互联网上的所有

二　透视互联网

59

信息归类以帮助人们在茫茫网海中搜寻到所需要的信息，它包括信息搜集、信息整理和用户查询三部分。目前常用的网络搜索引擎有百度、Google、搜狗、Yahoo、有道、中搜、搜搜、搜客等。

在百度、Google、Yahoo等主流搜索引擎发展正走向成熟的时候，各类不同的搜索大全也在今日的互联网逐渐兴起。顾名思义，搜索大全是集各种不同类型搜索引擎于一体，涵盖多语言于一身的搜索集合。该类搜索引擎大全的兴起，让搜索变得更加简单，几乎所有的内容都能在"一页之间"完成。

 人人都可参与的社区讨论

在N年前，人们把论坛说成社区。即使到了今天，人们仍然习惯叫某某论坛为某某社区。其实论坛和社区是有区别的，我们对网上的社区应该有更加深入全面的认识。论坛只是构成社区的一部分，是社区中的公共活动和议论的场所，是组织社区活动和体现社区文化特征的平台。网络社区将成为人们生活的一部分，成为人们现实生活的延伸，使人们的生活内涵更加丰富，生活方式更加多元化、更加精彩。

网络社区是指包括BBS/论坛、贴吧、公告栏、群组讨论、在线聊天、交友、个人空间、无线增值服务等形式在内的网上交流空间，同一主题的网络社区集中了具有共同兴趣的访问者。

一般而言，构成一个社区，应包括以下5个基本要素：一定范围的地域空间、一定规模的社区设施、一定数量的社区人口、一定类型的社区活动、一定特征的社区文化。传统社会学认为社区与社区之间存在着种种差异，不同社区因结构、功能、人口状况、组织程度等因素体现出不同的分类和层次。构建网络社区同样必须具备这五个要素。一定范围的地域空间指的是网站的域名、网站的空间，同时还包括到达这个空间的带宽。带宽正如你去往不同地方的公路，假如到达这个社区的公路宽敞和方便，那么这个社区会更容易凝聚人气。

在人类历史上，从来没有一项技术如此深刻地影响人们的工作和生活，在那么短的时间内给人类的生活方式带来如此大的变革。互联网还将彻底地改变人们的生活，网络社区的出现使互联网进入人们生活，预示着互联网改变生活的开始。

网络极大地丰富了青少年的学习资源，提供了便捷的学习途径，激发了他们的学习主动性。

互联网在线社区实现全球在线讨论

网络学习具有便捷性，能最大限度地满足青少年多样性的学习需求；网络学习具有互动性，为身处不同地域的青少年提供了一个交流通畅的虚拟课堂；网络学习具有实时性，信息准确，反馈及时，能将信息失真的程度控制在最低限度；网络学习具有针对性，可基于学生的自学能力、自控能力和学习程度，让学生拥有更大的弹性及空间来选择学习材料和学习方式，极大程度地发挥多媒体教学的综合优势。

网络社区就是社区网络化、信息化。简而言之，它就是一个以成熟社区为内容的局域网。该网络涉及金融经贸、宣传会展、自动

二 透视互联网

办公、企业管理、文体娱乐等综合信息服务的功能，同时与所在地的信息平台在电子商务领域进行全面合作。网络化、信息化和智能化是提高社区管理水平和提供安全舒适网络环境的技术手段。

 真情温馨的对话沟通

如果你一分钟之内收到20个call，不是证明你是女的，而是证明他是男的。生产关系与生产力的发展成反比。在这里，生产关系是"好友"的数目，生产力是打字速度。

自从我有了QQ之后，就开始聊天。聊天之后，就有快乐，就有烦恼。网友对令人为之倾倒的四句最常用的话总结如下：

第一句话：你是谁？

通常我看到这句话往往立即为之倾倒。我是谁，我知道我是谁？

第二句话：哦。

一个字回复的"哦"是很容易让人为之倾倒的。如果你累得手指头发麻敲了一页的字给对方看，对方看完之后回了这么一个字"哦"，你能不为之感慨万千？

第三句话：你多大了？

问"你多大了"这样的人，通常在我心目中都是那些慈眉善目的老太太或者老爷爷，神态慈祥地摸着我的脑袋，问小伙子你多大了，我说爷爷，我28了。

第四句话：你是男是女？

通常碰到这样的问话，我都是让他去看我的资料去。我的资料最详细，几乎每个空格都据实填写了，凭那些资料足以断定我这个人是干什么的，是男是女。

坐在计算机旁，打开QQ，与远在太平洋彼岸的亲朋好友实时免费聊天，已经不再是神话。

如今，善于奔波于全球各地的广州人，越来越习惯于通过QQ的视频、语音和文字与家人传达温馨的问候。

网络聊天实现人机合一对话

这种工具业界称为IM（Instant Messaging——即时通讯、实时传讯），通常IM服务会在使用者通话清单（类似电话簿）上的某人连上IM时发出信息通知使用者，使用者便可据此与此人透过互联网开始进行实时的通信。除了文字外，在带宽充足的前提下，大部分IM服务事实上也提供视讯通信的能力。使用IM，这个世界几乎就成为没有距离的空间。

实时传讯与电子邮件最大的不同在于不用等候，不需要每隔两分钟就按一次"传送与接收"，只要两个人都同时在线，就能像多媒体电话一样，传送文字、档案、声音、影像给对方，只要有网络，不论对方在天涯海角，或是双方隔得多远都没有距离。

互联网的历史总具有不可思议的戏剧性。1996年，4位以色列人发明了IM的鼻祖——ICQ"坏小子"，那时它只是一个主要搞网上寻呼的"小玩意"。

说起中国即时通信的历史，不得不提马化腾，这个戴着眼镜、温文尔雅的年轻人。1998年腾讯的创始人马化腾还是个睡沙发、吃盒饭的总裁，当他与另外几个"元老"一起挤在深圳赛格科技园4楼一间几十平方米的小厂房办公时，他的名片上甚至从来都不敢印"总经理"的头衔，而只印着"工程师"字样。马化腾当时的唯一期望，只是企业能生存下来，他没想到仅5年之后，随着公司上市，他因此就一夜之间成了身价8亿港元的富豪，之后身价迅速飙升至数百亿港元。

聊天其实一直是网民们上网的主要活动之一，只不过，当时网上聊天的主要工具只有聊天室。随着MSN、QQ等工具的逐步普及，网络沟通已经成为全球网民最常用的网络工具和网络应用。

令人流连忘返的娱乐世界

上帝上网玩游戏想申请个号码，可页面总提示无法申请。

上帝请来一游戏高手请教原因，游戏高手盯着上帝看了半天才问："请问你是哪一年出生的？页面提示你的出生日期填写错误。"

随着宽带技术的不断进步，使用网络娱乐已经成为网民最好的消遣方式。这已经颠覆了传统娱乐的一般性应用，而互动娱乐却正是网络娱乐世界最鲜明的应用。

现代人的生活节奏快、压力大。焦虑、不安全感随之而来，挥之不去。网络娱乐让人们暂时忘却痛苦，生活在媒体创设的假现实中。尽管有人认为久而久之，沉浸网络娱乐使得人丧失了面对现实、挑战现实和改变现实的勇气和能力，变得消极、缺乏责任感和作为能力。不可否认，这些看法不无道理，但它们也不可否认网络娱乐的正面作用和无穷魅力。网络游戏、数字音乐、视频分享、网络电视等已经成为人们通过互联网娱乐的主要方式。

网络世界给人们带来无穷欢乐

目前，随着未来网民的个人价值观和网络行为特征日趋复杂化和多样化，网民的视频消费结构也将呈现多元化的特点。消费需求结构的多元化将驱动中国网络视频市场竞争格局向追求规模和差异化两个方向发展。从电影、电视剧、新闻、娱乐晚会到自拍作品等，网络上都应有尽有。

不过，网络世界的娱乐还远不止这些，各种各样的游戏也是互联网最大的应用领域之一。有了互联网，传统的麻将、扑克等就能跨越时空，只要你愿意，身在广州的你，随时可以找一个在欧洲的老外一起打麻将。

 设在家中的购物商场

足不出户也可以做生意？这并不是梦想。根据艾媒咨询的统计数据，截至2010年底，广州的网络商人数超过100万人，大量的企业和个人正在通过网络把商品卖到全球各地，每年交易额超过3 000亿元，这就是电子商务的力量！

　　电子商务通常是指在全球各地广泛的商业贸易活动中，在互联网开放的网络环境下，基于浏览器/服务器应用方式，买卖双方不谋面地进行各种商贸活动，实现消费者的网上购物、商户之间的网上交易和在线电子支付以及各种商务活动、交易活动、金融活动和相关的综合服务活动的一种新型的商业运营模式。电子商务把原来传统的销售、购物渠道移到互联网上来，打破国家与地区之间有形无形的壁垒，使生产企业达到全球化、网络化、无形化、个性化。

足不出户轻松实现商品买卖

　　以欧美国家为例，可以说电子商务业务开发得如火如荼。在法、德等欧洲国家，电子商务所产生的营业额已占商务总额的1/4，在美国则已高达1/3以上，而欧美国家电子商务的开展也不过才十几年的时间。在美国，美国在线（AOL）、Yahoo、电子港湾等著名的电子商务企业在1995年左右开始赚钱，到2000年就已创造了7.8亿美元的收益，IBM、亚马逊书城、戴尔计算机、沃尔玛超市等电子商务企业在各自的领域更是取得了令人不可思议的巨额利润。

目前，互联网上的电子商务可以分为3个方面：信息服务、交易和支付。主要内容包括：电子商情广告；电子选购和交易、电子交易凭证的交换；电子支付与结算以及售后的网上服务等。现在，比较常见的交易类型有企业与个人的交易（B to C方式）和企业之间的交易（B to B方式）两种。参与电子商务的实体有4类：顾客（个人消费者或企业集团）、商户（包括销售商、制造商、储运商）、银行（包括发卡行、收单行）及认证中心。相对个人而言，目前广州人比较习惯在淘宝买衣服、在当当买书、在京东商城买电器，这已经成为一种必不可少的时尚。

云计算的理想平台

目前，美国亚马逊企业已经推出了名为"弹性计算机云"的服务，供中小软件企业按照需求购买亚马逊数据中心的计算能力；Sun推出了"黑盒子"计划，同样基于"云计算"原理，为政府、企业和大学的数据中心随时提供额外的计算能力；IBM宣布了"蓝云"计划，并安排200名工程师参与这一计划；Yahoo将一个由4 000台计算机组成的"云"开放给卡内基·梅隆大学的研究人员；微软公司宣布将投资5亿美元在爱尔兰首都都柏林建设其第一个欧洲数据中心，用来支持MSN门户、Windows Live、Hotmail、照片共享、博客和在线存储等一系列在线服务。

二 透视互联网

云计算概念是由Google提出的，这是一个美丽的网络应用模式。提供资源的网络被称为"云"。"云"中的资源在使用者看来是可以扩展的，并且可以随时获取，按需使用，按使用付费，就像人们生活中使用水电一样。

由于互联网覆盖范围之大，包含资源之多，是任何其他网络都不能比拟的。因此，互联网是云计算最大的"云"，是云计算最理想的平台，云计算也因此特征而被定义：云计算是基于互联网的一种计算新方式。

云计算的理想平台

就云计算本身而言，它将很有可能彻底改变用户使用计算机的习惯，用户将从以桌面为核心进行计算操作转移到以Web为核心与互联网进行对话。而计算机也有可能退化成一个简单的终端，不用再像现在一样需要安装各种软件，同时为这些软件的配置和升级费心费神。未来的计算机可能仅仅用作网络连接以及获取"云"中服务。

那么云计算的产生有什么意义呢？

目前，信息技术领域逐渐被发达国家特别是美国所垄断，全球真正有实力研发和提供云计算服务的企业只有Google、Yahoo、微软、IBM和Amazon等少数IT巨头。而发展中国家在技术上没有主导权，其战略选择非常有限。在"云"面前，国家信息安全和主流思想文化受到挑战。云计算的发展将导致全球信息在收集、传输、储存、处理等各个环节上进一步集中，国家信息将在"去国家化"的趋势中受到严峻考验。云计算将带来工作方式和商业模式的根本性改变，对我国冲出国外企业的技术壁垒、发展高新技术产业具有重要的战略意义。

云计算还将促进互联网服务方式的扩展和深化。从互联网诞生到现在，信息共享已实现了，但计算能力共享还刚刚开始。什么是计算能力共享呢？我们不妨举一个具体的例子来说明，例如天气预报，目前世界各国的天气预报中心都配置了高性能计算机进行计算预报，但由于一方之力毕竟有限，导致预报结果往往不尽人意。如果通过云计算，使用互联网上的资源，举全球之力进行预报，其效果必将大为改观。这就是互联网用户共享了互联网上强大的计算能力。换句话说，互联网向用户提供了度身定造的计算能力服务。由此可见，云计算既是一种新的计算方式，又是一种新的服务方式。

目前云计算已经具有相当的规模，Google云计算已经拥有100多万台服务器，Amazon、IBM、微软、Yahoo等的"云"均拥有几十万台服务器，这些企业的"云"一般拥有数百上千台服务器。"云"能赋予用户前所未有的计算能力。

在中国，在这个不知道云计算都不好意思承认自己是做IT的时代里，各家IT公司基于各自对于云计算的理解，纷纷用产品祭出自己的"杀手锏"。一时间"云"令人眼花缭乱，令人目眩神迷。但自从内地企业中化集团 "第一朵企业云"应用以来，七匹狼、汇通天下、香港铁路、淘宝、盛大等企业都在不同程度上实施云计算，各地政府更在高新园区建立云计算应用平台，以期推动云计算在更大范围内的应用……

科技小·档案

TCP/IP体系结构模型

TCP/IP体系结构模型是一个四层的逻辑体系结构，每一层都呼叫它的下一层所提供的功能来完成自己的工作。这四层从上到下分别为：

应用层：模型的最高层，应用程序与协议相互配合，发送或接收数据，实现应用程序间的沟通。它包括简单电子邮件传输（SMTP）、文件传输（FTP）、网络远程访问（Telnet）、域名服务（DNS）等。TCP/IP的应用层基本与OSI参考模型的会话层、表示层、应用层对应，但没有明确划分。

传输层：在此层中，它提供了节点间的数据传送服务。传输层主要实现传输控制协议（TCP）和用户数据报协议（UDP）。TCP和UDP给数据包加入传输数据并把它传输到下一层中，同时确定数据已被送达并接收。

网络层：该层实现互联协议（IP），解决主机到主机的通信问题，负责提供基本的数据封包传送功能，让每一块数据包都能够到达目的主机。在接收端，网络层还处理到来的数据包，校验数据包的有效性；删除报头，使用路由选择算法确定该数据包是在本地处理，还是发出去。

网络接口层：该层与其他通信网上的数据链路层和物理层相连接，负责接收IP数据包，并把这些数据包发送到指定的网络中。因此，TCP/IP本身没有数据链路层和物理层。

 与互联网交朋友

通过透视互联网，千万不要被互联网复杂的组成结构吓坏。对于普通用户来说，应用才是最重要的，其实使用互联网并不复杂。

那么，我们应该怎样才能和互联网交上朋友呢？别急，在这里我们将手把手教你怎样使用互联网，让互联网成为你的铁哥们！

任君选择的上网方式

 坐享其成——局域宽带上网

> 一个家庭的计算机可以组成局域网，如果需要，同一个城市或者跨城市的家庭也可以组成一个网络，不过，这样的应用并不多见。局域网更多的是由同一个企业，同一个部门的多台计算机组成，相互之间获得资源共享，实现计算机之间的互连互通。

如果你置身在一个小范围的网络中，你几乎不用干什么，就可以享受网络冲浪的感觉，而你所在的这个环境可能就是局域网。

什么是局域网？简单而言，它是一种覆盖范围较小的计算机网络。例如覆盖一座或几座大楼、一个校园或者一个厂区等。

局域网覆盖范围小、投资少、配置简单。局域网的组成结构不复杂，一般由服务器、用户工作站、传输介质、联网设备和相关软件组成。

（1）服务器。运行网络操作系统，提供硬盘、文件数据及打印机共享等服务功能，是网络的核心。从应用来说较高配置的普通486以上的兼容机都可以用于文件服务器，但从提高网络的整体性能，尤其是从网络的系统稳定性来说，还是选用专用服务

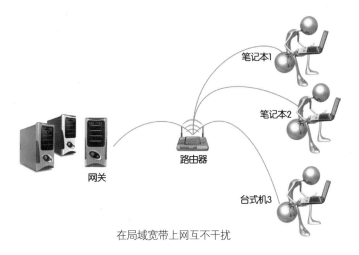

笔记本1

笔记本2

路由器

网关

台式机3

在局域宽带上网互不干扰

器为宜。目前常见的网络操作系统主要有Linux、Unix和Windows NT三种。

（2）用户工作站。可以有自己的操作系统，独立工作。通过运行工作站网络软件，访问服务器共享资源。工作站的操作系统一般都采用Windows，因此又称为"Windows工作站"。

（3）传输介质。完成网络中的信息传输。目前常用的有线传输介质有双绞线、同轴电缆、光纤等。此外，还可用无线电作为传输介质。

（4）联网设备——网卡。将工作站及服务器连到网络上，实现电信号匹配、数据转换等功能。

（5）网络管理软件。网络管理软件负责网络资源的分配、管理，设备工作状态的监视，网络运行状态的监管等工作。网络管理软件一般驻留在服务器中。上面提到的网络操作系统，就是最基本的网络管理软件。此外，还有专门的"网管软件"可以对网络实现更全面的管理。

网络操作系统是具有网络管理功能的计算机操作系统。计算机操作系统是管理计算机中各种软、硬件资源和方便用户的软件的集合，是用户与计算机之间的接口。网络操作系统是管理整个网络资源和方便网络用户的软件的集合，是网络用户与计算网络之间的接口。

局域网共享宽带上网是大多数企业最常用的上网方式。局域网共享上网最主要的功能，是针对内部已经实现联网的企业，让所有联网的电脑一起共享上网账号和线路，既满足工作需要又大幅度节约经费，其优点还在于：

（1）组网方便，且不需要单独一台计算机作为代理服务器，可以降低损耗并节约电费。

（2）一次设置后，计算机开机便可上网，无须再安装拨号软件进行拨号，非常方便省事。

（3）所有计算机都不暴露在公网中，相对比较安全。如果开启了宽带路由器的防火墙功能，上网安全将得到进一步的保障。

空中信使——无线上网

在广州的家庭中，同时有几台需要上网的电脑已经是常态，而繁杂的网线布局通常是网民最烦恼的事情，如果使用无线上网，这些烦恼将不再是问题。

无线上网是以传统局域网为基础，以无线AP（无线接入点）和无线网卡来构建的无线上网方式。一般认为，只要上网终端没有连接有线线路，都可称为无线上网。

　　无线上网通常需要借助无线网卡，它的作用、功能跟普通电脑网卡一样，是用来把电脑连接到局域网上的。它只是一个信号收发的设备，只有在找到上互联网的出口时才能实现与互联网的连接，所有无线网卡只能局限在已布有无线局域网的范围内使用。

　　无线局域网所能覆盖的范围，是指无线网卡、无线AP等设备发射信号所能达到的最远距离。一般所能覆盖的最大距离通常为300米，同时与应用环境有关。因此，在使用无线路由上网之前，最好设置相应的访问权限，否则你的邻居将可能偷用你的带宽一起上网。

　　通常而言，电脑无线上网主要分家庭、办公室上网和外出上网。在家的话，想在哪个房间上网就在哪个房间上网，不用考虑装修布网线，不用把脏兮兮的网线拖到床上。外出的话，往咖啡厅里一坐，喝喝咖啡，上上网，是很惬意的事。商务人士在外，不愿意浪费时间，随便什么地方都能上网，处理工作。

无线上网让我们冲浪不再局限时空

不过，在无线网络使用过程中，无线路由器、无线AP等设备无时无刻不在发射着电波，高剂量的电磁辐射会影响及破坏人体原有的生物电流和生物磁场，使人体内原有的电磁场发生异常。值得注意的是，不同的人或同一个人在不同年龄段对电磁辐射的承受能力是不一样的，老人、儿童、孕妇是对电磁辐射敏感的人群，抵抗力较弱，应该是我们重点的保护对象。

延伸阅读

无线局域网是以无线电为传输介质的计算机局域网络。无线局域网由可以进行无线电通信的工作站和服务器组成，此外，还配置一个控制器，用于控制无线信道的分配和数据传输，以及必要时实现无线网与有线网之间的通信。无线局域网最大的特点，也是最大的优点是无线，摆脱了网线的束缚，网络安装或重建都非常方便、灵活。

随时随地——手机上网

目前，在广州，手机上网已经非常普及。根据艾媒咨询（iimedia research）发布的《2010年度中国城市移动互联网行业竞争力排行榜》相关统计数据显示，在位列前五名的几个城市中，广州在网民规模、流量资费、人才支撑以及产业创新这几个领域中占有优势。广州手机网民普及率已经超过71%，在全国所有城市中位列第一。

手机上网是指利用支持网络浏览器的手机通过WAP协议，同互联网相连，从而达到网上冲浪的目的。手机上网具有方便性、随时随地性，应用越来越广泛，正逐渐成为现代生活中重要的上网方式之一。

通过WAP这种技术，就可以将互联网的大量信息及各种各样的业务引入到移动电话、PALM等无线终端之中。无论在何时、何地只要需要信息，打开WAP手机，用户就可以享受无穷无尽的网上信息或者网上资源。如：综合新闻、天气预报、股市动态、商业报道、当前汇率等。电子商务、网上银行也将逐一实现。通过WAP手机，用户还可以随时随地获得体育比赛结果、娱乐圈趣闻等，为生活增添情趣，也可以利用网上预定功能，把生活安排得有条不紊。

手机也可连接互联网

大规模的手机上网在中国发展时间其实不长。2009年初，中国3G发牌，掀起了中国人手机上网的高潮。根据数据统计，2008年后，中国手机网民规模平均年增幅超过了35%，2010年底中国手机网民规模超过3亿，成为全球手机网民人数最多的国家。

对于中国手机网民而言，手机上网并不是纯粹的打发时间。而是随时随地分享生活的乐趣、获得位置服务和商务服务。未来借助物联网实现的手机上网，将彻底弥补人们对于传统互联网因为外出期间无法上网的需求。移动互联网将成为未来互联网发展的一大趋势。

三　与互联网交朋友

从上网服务到服务产业

在广州，互联网服务产业发展非常迅速。广州在互联网服务产业方面，无论提供服务的基础电信运营商，还是向网民提供服务的内容和软件服务商，均在国内具有比较高的发展水平。广州移动是国内最早提供手机上网服务的电信运营商，而广州电信则是中国首家提供免费电子邮局服务的服务商，创办于广州的网易是中国最大的内容服务提供商之一，UC浏览器则是中国最大的手机浏览器服务提供商。

前文提到的各种上网方式都很不错，那么到底谁为我们提供这些服务呢？

对于大型的局域宽带上网，一般比较大的单位会请专业的局域网络服务商完成，我们仅需要接入即可实现上网功能。而普通的无线上网，你完全可以DIY（自己动手），你需要的仅仅是一台几十元的无线路由器即可。手机上网更为简单，你仅仅需要向你的手机网络服务商申请开通手机上网服务，办理轻松简便。

互联网服务是个很大的范畴，其主要内容由一系列的上中下游厂家和服务商组成。从上游而言，包括电信运营商、设备生产商等。从下游而言，主要是内容服务提供商和应用软件提供商组成。经过多年的发展，互联网服务产业链已经非常成熟，目前几乎所有信息技术产业都围绕着这个领域服务。尤其是下游的服务内容提供商和应用软件提供商，是互联网丰富多彩和精彩纷呈的主要保障。

比较典型的如聊天软件QQ，就是典型的应用软件提供商；如网易、新浪等，就是典型的服务内容提供商。

上网操作及技巧

上网之前，你真的需要好好准备一下。首先需要一台带网卡的电脑，然后向电信运营商申请上网权限。在广州，一般宽带用户都选择信号稳定、速度比较快的中国电信作为接入服务商。当然，在上网之前，你需要熟悉电脑的基本操作，比如打字等基本功。对于普通话不好，又为记不住五笔字根而烦恼的人，推荐使用"搜狗输入法"，因为其智能输入和模糊输入功能足以让你解决所有输入烦恼。

一切就绪之后，你大可以轻松享受上网冲浪的乐趣了。不过，对于初学者而言，记住一大堆奇异古怪的域名可能得费点心思，收藏几个网络导航网站，则可以省去许多脑汁。常用的导航网站包括hao123.com和265.com等，他们囊括了目前网络世界最常用的大多中文网站。

网络世界是丰富多彩的，对于中老年初学者而言，只要你愿意紧跟时代步伐，尝试新事物，学习不同的知识，生活会更充实，也更有意义。

（1）保持观念更新，抱着必胜心态。对于初学者来说，首先要在主观上认为上网并不难，别让高科技这个近年来极为流行的词吓着，尤其对中老年人来说，上网并非可望而不可及。

（2）照葫芦画瓢，大胆上机操作。中老年人学电脑和年轻人不同，不必非得从理论上一点一点地学，重点要放在实际应用上。在学习上网的过程中，不能光看书本，更不能畏手畏脚，应对照书上的步骤，多操作，大胆实践。

（3）保持平和心，循序渐进慢慢学。学习任何知识都有一个过程，学习上网也一样。一些中老年人学电脑性子急，恨不得一下掌握全部知识，这可不行。初学者不能操之过急，要有一个平和的心态，用哪先学哪，从初级学起，要注意学习的方法。

（4）朋友之间多交流，虚心讨教。老年人记忆力差，最好是准备一个小本本，把容易忘记的东西随时记下来，而且要记得清楚，可以分几个大类来记，要多问，向内行请教。初学者之间，要多多交流电脑学习心得，有时候一个问题可能涉及很多方面，可以通过咨询和查询，化整为零，分别处理，各个击破。

（5）巧用输入法，熟能生巧。中老年人学电脑，首先要学习文字输入，这是学电脑的关键，也是较困难的环节。五笔输入法讲究口诀，可因人而异学习；智能手写板价格不贵，建议尝试；懂普通话的话，建议选用搜狗输入法，能够自动生成词汇。

（6）身体重要，锻炼身体不可少。对于不习惯长期坐在电脑旁的初学者而言，刚开始容易头昏脑涨，尤其对于中老年人，体质毕竟有别于年轻人，更应注意自身保健。除了保持正确的坐姿以外，还需要多注意休息，每半小时休息10分钟左右，出去散散步或者利用健身器材做做脚踏车等健身运动。

网上冲浪技巧话你知

要想在网络世界畅游，你还得掌握一些上网的技巧，这样可以省去很多烦恼的事情。

技巧1，选择浏览器。对于大多数电脑，一般自带IE浏览器，不过，使用IE浏览器并不是一件好事情，许多病毒和安全问题随之而来。因此我们推荐使用安全性能比较高的浏览器，如360安全浏览器、OPERA浏览器。

技巧2，病毒防护。对于联网电脑而言，网络安全从来就不让人安心。因此，在电脑里一定要安装杀毒软件，这样，既能有效保护你的

享受美妙的网络冲浪世界

电脑，又能够为你的网上冲浪保驾护航。目前网络上有许多免费的安全防护软件，最常用的如360安全卫士等，值得推荐。

技巧3，善用收藏夹。所有的浏览器都配备了收藏夹功能，对于你喜欢的网站，你大可以放入收藏夹内，当你需要的时候，随时可以调出，减去大量的记忆时间和输入字母的繁琐流程。在建立收

三 与互联网交朋友

藏夹的时候，你还可以根据自己不同的需要，建立分类。如喜欢音乐，可以把几个音乐网站放在同一个音乐收藏夹；喜欢看新闻，可以把几个新闻网站放在新闻收藏夹内。

总之，熟悉是上网最好的老师，多练习是通向熟悉的最佳途径。每个人都有自己喜欢的上网习惯，只要在安全、便利和廉价的使用上多花点心思，网上冲浪必定是一种享受。

 安营扎寨的物质基础——服务器

服务器，通常是指管理资源并为用户提供服务的计算机，分为储存文件的文件服务器、储存数据的数据服务器和安装应用程序的应用服务器等。在互联网上，服务器是指安装着服务软件，能够通过网络，对外提供服务的计算机。

要想在互联网上安营扎寨，服务器是不能少的设备。

服务器有很多种，普遍按照网络规模和在网络中应用的层次来划分为4类：入门级服务器、工作组级服务器、部门级服务器、企业级服务器。

（1）入门级服务器所连的终端比较有限（通常为20台左右），稳定性、可扩展性以及容错冗余性能一般，仅适用于没有大型数据库数据交换、日常工作网络流量不大、无需长期不间断开机的小型企业。

（2）工作组级服务器是一个比入门级高一个层次的服务器，但仍属于低档服务器之类。从这个名字也可以看出，它只能连接一个工作组（50台左右）的用户，网络规模较小，当然在其他性能方面的要求也相应要低一些。

（3）部门级服务器可连接100个左右的计算机用户，适用于对处理速度和系统可靠性高一些的中小型企业网络，其硬件配置相对较高，其可靠性比工作组级服务器要高一些，当然其价格也较高。由于这类服务器需要安装比较多的部件，所以机箱通常较大，一般采用机柜式的机箱。

（4）企业级服务器属于高档服务器行列，适合运行在需要处理大量数据、高处理速度和对可靠性要求极高的金融、证券、交通、邮电、通信行业或大型企业。企业级服务器适用于联网的计算机在数百台以上、对处理速度和数据安全要求非常高的大型网络。企业级服务器的硬件配置最高，系统可靠性也最强。企业级服务器一般也采用机柜式机箱。

那么，互联网中，服务器有什么作用呢？

我们知道，高档服务器是一种高性能计算机，作为网络的节点，存储、处理网络上80%的数据、信息，因此也被称为网络的灵魂。有人把服务器比喻成是邮局的交换机，而微机、笔记本、PDA、手机等固定或移动的网络终端，就如散落在家庭、各种办公场所、公共场所等处的电话机，我们与外界日常的工作、生活中的电话交流、沟通，必须经过交换机，才能到达目标电话。同样如此，网络终端设备如家庭、企业中的微机上网，获取资讯，与外界沟通、娱乐等，也必须经过服务器，因此也可以说是服务器在"组织"和"领导"这些设备。

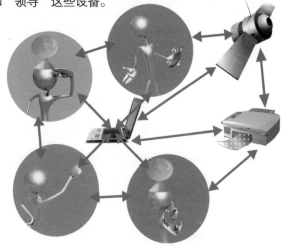

服务器连接的是一个空间整体

对于普通网民来说，我们应该怎样才能拥有自己的服务器呢？如何能够把自己制作的网站扎根在服务器上呢？这显然需要一定的技术基础。

首先，服务器光有一堆硬件可不行，这台机器上得安装一定的软件环境，通常比较多的是使用Unix或Linux作为服务器的运行环境，要求不高的服务器也可以使用Windows。然后，通常的服务器还得配备必要的数据库，用以储存网站信息。网民访问网页的时候，网页会发出指令，调取数据库的数据，实现网站大容量的信息储存。完成这些工作后，服务器要在浩瀚互联网大海中立根，我们需要为服务器申请一个独立的唯一的IP地址。通过互联网访问域名，把域名解析成对应的IP地址，自动寻找到这台唯一的服务器。当这些工作都完成以后，你的网页便可以安营扎寨到服务器中，成为人人都可以访问的网站了。

普通用户如何安营扎寨——我的网页与网站

> 如今许多企业都拥有自己的网站，他们利用网站来进行宣传、产品资讯发布、招聘等等。随着网页制作技术的流行，很多个人也开始制作个人主页，这些通常是制作者用来自我介绍、展现个性的地方。

喜欢旅行的驴友杨益如今居住在广州的五羊新城，因为每年都会有100天的时间在旅行，以及对于旅行的热爱，他亲自动手，边学边干，创办了自己的个人网站hicafe.cn。

作为一个狂热的旅行背包客，杨益倡导了这个以旅行生活为主题的新一代社区。在他的设想中，这里不但提供一站式的自助旅行服务，更重要的是这里倡导新生活的网络家园。通过HICAFE，能让越来越多的朋友喜欢上自由的旅行方式。而通过这种新型的旅行，更多地了解世界，重新认识自己，改变生活价值观念，让自己的人生更丰富更有意义。

旅游中的环境保护是HICAFE的亮点。站长杨益提倡，在旅游中要有保护资源和环境的意识，尽量步行、骑自行车或者乘坐公共交通工具；尽量不乱扔垃圾，使用可降解的产品，把塑料袋和废旧电池带回家；不买濒危物种制作成的纪念品或食品，包括珊瑚或某些木制品。

　　经过几年的发展，如今，个人网站HICAFE已经在驴友中小有名气，并且影响到了东南亚和中国香港、中国台湾等国家和地区，吸引了几十万人注册。

　　那么，网站与网页有什么区别呢？

　　网页，是网站中的一"页"，通常是HTML格式（文件扩展名为.html或.htm或.asp或.aspx或.php或.jsp等）。网页通常用图像档来提供图画，网页要使用网页浏览器来阅读。

　　网站和网页都是网民在互联网上安家的主要形式。网站就相当于一个家，可以存放许多东西。网站通常由域名（俗称网址）、网站源程序和网站空间三部分构成。网站域名就相当于一个家的门牌号码，而网站的源程序会生成数量众多的网页。网页是组成网站最基本的元素，但光有几个网页，仍不能构成一个丰富多彩的网站。而网站空间，实际就是前文提到的服务器存储空间，其大小与服务器的硬盘容量有关。

　　广州有许多提供网站制作的企业。通常这些企业的网站上提供人们生活各个方面的资讯、服务、新闻、旅游、娱乐、经济等。衡量一个网站的性能通常从网站空间大小、网站位置、网站连接速度（俗称"网速"）、网站软件配置、网站提供服务等几方面考虑，最直接的衡量标准是这个网站的真实流量。

　　当然，你也可以拥有网站。如果你想自己制作网站，Dreamweaver是一个不错的网站制作工具。如果想让网站内容更加生动，Photoshop就是最常用的图片处理软件。借助这两个工具，一个图文并茂的网站呈现在网络世界中就轻而易举了。

目前制约个人网站发展的十大问题：

（1）定位不清。打开个人网站，内容真是五花八门、无所不有，可唯独没有自己的特色。什么热闹搞什么，建站没有明确的定位和目的。

（2）缺乏创新。个人网站雷同的内容太多，你抄我的、我抄你的，每个网站都似曾相识，看到什么网站发展得好，就简单拷贝一个，有新意的东西、原创的东西太少。

（3）急功近利。晃眼的广告满天飞，要找点有价值的内容要费半天劲，甚至于会出现点击广告才能下载等等，有的甚至对网民进行欺骗。

（4）一哄而上。看到音乐网站访问量高，一窝蜂地去搞音乐网站；看到电影网站赚钱，又都一窝蜂地去搞电影网站，还有网址站、下载站等等，基本上集中在这个类别，同质化有余，差异化不足，娱乐网站泛滥成灾，可以预见的是大量内容雷同的网站将会相继倒下。

（5）忽视运营。有的网站片面追求美工设计，总以为设计得无比漂亮就会离成功更近一些，要知道技术服务才是网站的目标。

（6）缺乏诚信。欺骗用户点击广告或注册、流量作弊、欺骗客户等等。

（7）内容违法。比如打擦边球、侵犯知识产权等，如果碰上大规模的整顿，恐怕有些网站在劫难逃。

（8）固步自封。使用多年前的老套路定位、策划、建设、推广、运营网站。

（9）缺乏魄力。网站发展需要资金、人力的投入。个人网站站长习惯了打游击，对正面战场可能会有些畏惧，该投入时不敢投入，该舍弃时舍不得舍弃，遇到困难就转移阵地，对于合作则瞻前顾后，这些都不同程度地制约了网站的发展。

（10）贪大求全。大多有浮躁的心态，总想一口吃成胖子，往往是主题定得太大，难以实现。建议是题材要小、越小越专，栏目要少、越少越精，定位要准、越准越灵。

雄鸡唱天下——网络推广

　　在网络世界中，切勿迷信"酒香不怕巷子深"，否则你的网站将淹没在浩瀚的网络大海中。根据有关调查数据显示，2009年，中国93%的企业没有尝试过网络推广，而在国外发达国家只有16%的企业没有做。这一调查研究表明中国互联网的深层应用还处于萌芽阶段。

网络推广就是利用互联网进行宣传推广活动，被推广对象可以是企业、产品、政府以及个人等等。

其实，从广义上讲，企业从开始申请域名、租用空间、建立网站开始就算是介入了网络推广活动，而我们在这里所说的"网络推广"，是指通过互联网手段进行的实质性的宣传推介等活动，是窄义的"网络推广"。但不管是哪种意义上的网络推广，其网络推广的载体都是互联网，离开了互联网的推广就不能算是网络推广。

网络广告是网络推广所采用的一种手段。除了网络广告以外，网络推广还可以利用搜索引擎、友情链接、网络新闻炒作等方式来进行。随着互联网的迅速发展，网民将会越来越多，因此网络的影响力也将会越来越大。

如果不希望在互联网上建立一个信息孤岛，就需要进行有效的网络推广。对企业而言，做好网络推广，可以带来经济效益。对个人而言，可以让更多人了解自己，认识更多的朋友。

网站就相当于这间房子，包括域名，网站源程序和网站空间

网站源程序会生成许多网页，就如组成一间房子的砖头一样

网站域名相当于一个家的门牌号码

网站空间就如一间房子的空间

网站空间就像一套房子的空间

2008年6月18日，中央电视台赈灾晚会成为史上收视率最高的节目。而在本次晚会中以一个民营企业身份，捐助一亿元巨款给灾区的王老吉药业股份有限公司，引起了国人的注意。第二天，在国内

著名的互动网络论坛天涯BBS上,一篇"封杀王老吉"的帖子引起了网民的注意。

在这个时候,"封杀"一个捐助了亿元巨款的企业,难道不是冒天下之大不韪么?这篇帖子在短短数小时内点击量飙升到数百万,回帖以十万计,转帖无数,遍及互联网各个角落,影响空前。但其内容却是极为简短的几句话,亿元捐款,号召大家以实际行动回报慷慨的王老吉。自此以后,"王老吉"品牌一炮打响。2010年底,"王老吉"品牌价值被权威机构评估为1 080.15亿元,而王老吉在全国罐装饮料市场销售额上,已成为"中国饮料第一品牌"。

给企业网注入互联网基因——Intranet

虽然Intranet与Internet只有一个字符之差,但作用却大不相同。

何谓Intranet

Intranet又称为企业内部网,是Internet技术在企业内部的应用。Intranet实际上是采用Internet技术建立的企业内部网络,它通

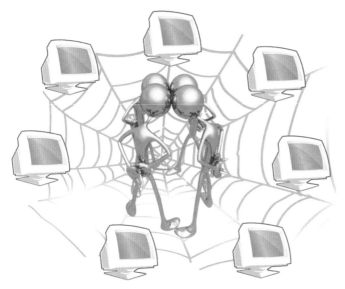

Intranet轻易把计算机组成一个网

常建立在一个企业或机构的内部，并为其成员提供信息的共享和
交流等服务，例如万维网服务，文件传输服务，电子邮件服务等。
Intranet的基本思想是：在内部网络上采用TCP/IP作为通信协议，利
用互联网的Web模型作为标准信息平台，同时建立防火墙把内部网
和互联网分开。当然，Intranet并非一定要和互联网连接在一起，它
完全可以自成一体作为一个独立的网络。

　　Intranet是互联网的延伸和发展，正是由于Intranet利用了互联
网的先进技术，特别是TCP/IP协议，保留了互联网允许不同计算机
平台互通及易于上网的特性，使Intranet得以迅速发展。但Intranet
在网络组织和管理上更胜一筹，它有效地避免了互联网所固有的安
全性差、无整体设计、网络结构不清晰以及缺乏统一管理和维护等
缺点，使企业内部的秘密或敏感信息受到网络防火墙的保护。因

三　与互联网交朋友

此，同互联网相比，Intranet更安全、更可靠，更适合企业或组织机构加强信息管理与提高工作效率，被形象地称为建在企业防火墙里面的互联网。

 Intranet的优势

与通常的企业网相比，Intranet具有显著的优势。

（1）开放性和可扩展性。Intranet具有良好的开放性，可以支持不同计算机、不同操作系统、不同数据库、不同网络的互连。对内方面，Intranet可将企业内部各自封闭的局域网、信息孤岛联成一体，实现企业的信息交流、资源共享和业务运作；对外方面，可方便地接入互联网成为全球信息网的成员，实现世界范围的信息交流与合作。

（2）通用性。Intarnet的通用性表现在它的多媒体集成和多应用集成两个方面。在Intranet上，用户可以方便地利用图、文、声、像等各类信息，实现企业所需的各种业务管理和信息交流。

（3）简易性和经济性。Intranet是根据企业内部的需求而设置的，其功能和规模可根据企业的经营和发展而定。构建Intranet可完全采用互联网的成熟技术，不必太多的开发投入。当然，Intranet的简易性和经济性不仅表现在开发和使用上，而且也表现在管理和维护上，由于Intranet可以采用不带软件和数据的"瘦客户机"方式工作，系统的维护和管理可以方便地在服务器上进行。另外，由于Intranet开发和维护技术要求简单，可以让更多部门甚至个人参与开发，从而降低了IT人员的负荷和数量。

（4）安全性。由于Intranet可以独立成网，不一定要与互联网相连。一旦要与互联网相连，也可以通过防火墙实现隔离。因此，计算机网络的一切安全措施都能够在Intranet中应用，所以其安全性是有保障的。

Intranet的应用

在短短几年里，Intranet的应用发生了两次跨时代的飞跃，从第一代的信息共享与通信应用，发展到第二代的数据库与工作流应用，现在则已经进入以业务流程为中心的第三代Intranet应用。

（1）信息共享与通信。第一代Intranet将Internet的应用搬到企业内部，实现信息共享和快捷通信。信息共享应用不仅将大量的文件、手册转换成了电子形式，从而减少了印刷、分发成本和传播周期，而且也营造了开放的企业文化。通过Intranet，领导可以直接与员工交流，及时了解和掌握企业运作和市场营销情况。这类应用的目的在于增强合作和提高交流的效率。常见的共同工作通信方式有：日程安排、电话会议、视频会议、电子公告及网上交谈等。

（2）数据库与工作流应用。随着Intranet应用的深入，静态的信息共享已不能满足用户的需求，于是开始尝试将传统的管理信息系统（MIS）向Intranet上搬迁，这就是以数据库应用和工作流为主的第二代Intranet应用。对于一个机构来说，原来不同部门之间不同应用与数据库的互联、转换、培训和使用等问题也就迎刃而解了。

（3）以业务流程为中心的应用。Intranet技术虽然给企业的信息化建设带来了巨大的活力，但仍然不能使现代企事业摆脱这样的尴尬：一方面单位对IT的投资越来越大，另一方面预期的效益总不能兑现。导致IT技术不能发挥其潜在效能的主要原因是，传统MIS系统仅使管理工作自动化，但并未改变原有的工作和管理方式。解决这个问题的唯一途径是将新的管理理念和先进的Intranet技术有机地结合起来，对现有业务流程进行分析、重组、优化，以顾客为中心将流程和每一项工作综合成一个整体，使之顺畅化和高效化，以协调内部业务关系和活动，提高对外界变化的反应能力，改善服务质量，降低经营和管理成本。这就是第三代以业务流程为中心的Intranet应用。

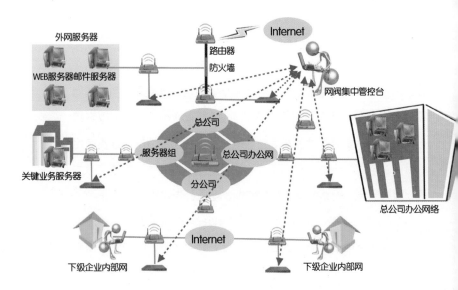

Intranet的典型应用

科技小·档案

手机上网知识大普及

问题1：什么是WAP？

WAP的全称是"无线应用协议"。它提供了通过手机访问互联网的途径。这样，只要有了一个支持WAP的手机，就可以随时随地通过手机访问互联网。因此，WAP实现了"世界在掌上"的美好理想。

问题2：WAP 能为我们做什么？

WAP其实就是一个小互联网，互联网能实现的功能，在WAP上一样能够实现，如浏览新闻、在线聊天、在线游戏、下载和弦铃声和彩色图片，等等。WAP能够随时、随地、随身地接入互联网，为用户提供了极大的便利，必将成为时尚一族新的潮流风向标。

问题3：使用WAP是怎样收取费用的？

中国移动的2G用户，使用WAP的费用会由GPRS流量费+信息费两部分产生。一是因使用中国移动网络产生的通信费，GPRS是按流量进行计费的。二是因使用服务产生的信息费。WAP上的信息费价格比较低。因此，使用WAP业务不仅能满足用户随时、随地、随身访问互联网的愿望，并且在价格方面比较实惠，对于3G用户而言，运营商更多的是推出多种包月流量套餐收费。

问题4：怎样开始使用WAP？

以中国移动用户为例。首先你需要有一部支持WAP和GPRS的手机（目前绝大部分手机都支持WAP和GPRS）。其次，你需要先开通GPRS服务，你只需要拨打免费电话10086就可以了。目前中国移动正在逐步为用户自动打开GPRS功能。最后，你需要在手机上进行正确的上网参数设置（见下一个问题）。如果你的手机是3G手机，则已具备上网功能，就不需设置和申请了。

问题5：什么是GPRS？GPRS和WAP的关系如何？

GPRS是分组无线服务技术（General Packet Radio Service）的简称，它是GSM移动电话用户可用的一种移动数据业务，GPRS可说是GSM的延续。GPRS和以往连续在频道传输的方式不同，是以封包（Packet）式来传输，因此使用者所负担的费用是以其传输资料单位计算，并非使用其整个频道，理论上较为便宜。GPRS的开通为WAP业务的发展提供了更加广阔的空间，GPRS网络好比是高速公路，WAP好比是行驶在路上的汽车，在高速公路上汽车可以跑得更快，在GPRS网络上，WAP也将运行得更成功。

问题6：WAP使用难不难？

WAP的操作非常简单，就如用浏览器浏览互联网一样，你只需要在手机上将"主页"设置为 http://wap.3G.cn 后，选择"主页"或"连接到主页"就可以了。登录3G门户之后，使用手机的导向键就可以在各个栏目间移动，按下手机的户选择键就可以连接到对应的栏目访问具体的内容。

问题7：使用手机上网时能否接电话和收短信？

可以。使用手机上网不影响正常的通话和接收短信。

问题8：如果GPRS手机一直在线，手机是否更加耗电？

GPRS手机如果一直在线，始终处于激活状态则相应的耗电会更多，但如果只是附着而没有激活进行数据传递则不会增加耗电量。

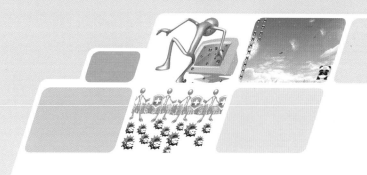

 # 互联网的风险与防御

"表哥,你最近还好吗?你这几年在上海过得好吗?知道我是谁吗?看了我的相片你就知道了!"

这是在上海某银行上班的杨先生收到一封"表妹"发来的邮件,谁知邮件刚打开,电脑就出现了黑屏。杨先生还没有弄清是哪个"表妹"发来的玉照便丢失了大量的银行保密资料,给整个单位造成的损失也是无法估量的。

互联网本来是一片净土,但不免也会受现实社会污泥浊水的冲击,致使这块净土变得危机四伏,险象环生。

神出鬼没的黑客

2000年2月7～9日，全球顶级商业网站——Yahoo、Amazon、电子港湾、CNN等纷纷陷入瘫痪，黑客使用了一种叫做"拒绝服务式"攻击手段，用大量无用信息阻塞网站的服务器，使其不能提供正常服务。这些具有雄厚技术支持的高性能商业网站，均未能阻挡黑客的长驱直入。这次袭击所造成的直接或间接的经济损失高达数十亿美元。

而随之而来的调查结果令全世界为之震惊，制造这起轰动世界的超级"黑客袭击事件"的竟然是一个貌不惊人、身材瘦小的"邻家男孩"，绰号为"黑手党男孩"（Mafiaboy）的14岁少年。男孩的邻居和朋友几乎无法相信，这个平时沉默寡言、喜欢打篮球和玩计算机的小男孩竟然通过计算机造成了数十亿美元的损失，而他只是通过卧室的一台普通电脑就制造了这一切。"黑手党男孩"的事件让人们再一次关注黑客的深层次问题。

揭开黑客的面纱

早期的黑客，名声并不坏，但后来龙蛇混杂，名声就变坏了。黑客最早源自英文hacker，黑客的出现始于20世纪50年代。

本来，"黑客"是一群热衷研究、撰写程序的专才。他们精通各种计算机语言和系统，是编写计算机程序的高手，经常研究、发现计算机及其网络的安全漏洞，并以攻击的手段来使其完善。他们对问题通常追根究底，不达目的绝不罢休。他们是一群纵横于网络上的大侠，从某种意义上来讲，黑客对提高计算机系统的安全性能是有帮助的。有人说，黑客存在的意义就是使网络变得日益完善。

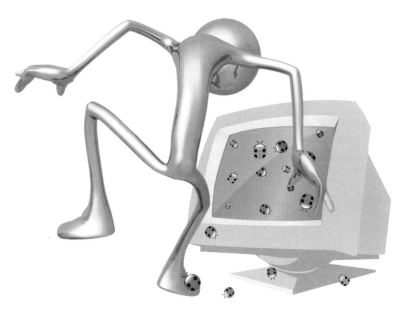

黑客——从电脑里爬出来的"虫子"

但是到了今天，黑客一词已经被用于那些专门利用计算机技术进行破坏或入侵他人系统、破坏他人信息、盗窃他人资源的坏蛋的代名词。对这些人正确的叫法应该是cracker，有人也翻译成"骇客"。正是这些"骇客"的出现，玷污了"黑客"的名声，使人们把黑客和骇客混为一谈，黑客被人们认为是在网络上进行破坏的人。

据美国联邦调查局统计，一起刑事案件的平均损失是2 000美元，而一起计算机犯罪的平均损失则为50万美元，美国一年因计算机犯罪所造成的损失高达75亿美元，而且目前这个数字还在呈上升趋势。防御黑客的安全产业已经逐步成为全球经济的重要组成产业。

随着黑客技术的快速发展，网络世界的安全性不断受到挑战。对于黑客自身来说，要闯入大部分人的电脑实在是太容易了。如果你要上网，就免不了遇到黑客。所以必须知己知彼，魔高一尺，道高一丈，才能在网上保持安全。那么黑客们有哪些常用攻击手段呢？

（1）获取口令。通过网络监听非法得到用户口令和在知道用户的账号后（如电子邮件"@"前面的部分）利用一些专门软件强行破解用户口令。这种方法不受网段限制，但黑客要有足够的耐心和时间。对那些口令安全系数极低的用户，只要短短的一两分钟，甚至几十秒就可以将其破解。

（2）电子邮件攻击。这种方式一般是采用电子邮件炸弹，是黑客常用的一种攻击手段。指的是用伪造的IP地址和电子邮件地址向同一信箱发送数以千计、万计甚至无穷多次的内容相同的恶意邮件（也可以称之为垃圾邮件）。由于每个人的邮件信箱是有限的，当庞大的垃圾邮件到达信箱的时候，就会挤满信箱，把正常的邮件给冲掉。同时，因为它占用了大量的网络资源，常常导致网络塞车，使用户不能正常地工作，严重者可能会给电子邮件服务器操作系统带来危险，甚至瘫痪。

（3）特洛伊木马攻击。"特洛伊木马程序"技术是黑客常用的攻击手段。它通过在你的电脑系统隐藏一个会在Windows启动时运行的程序，采用服务器/客户机的运行方式，从而达到在上网时控制你电脑的目的。黑客利用它窃取你的口令、浏览你的驱动器、修改你的文件、登录注册表等等，如流传极广的冰河木马。现在流行的很多病毒也都带有黑客性质，如影响面极广的"Nimda"、"求职信"和"红色代码"及"红色代码Ⅱ"等。攻击者可以佯称自己为系统管理员（邮件地址和系统管理员完全相同），将这些东西通过电子邮件的方式发送给你。如某些单位的网络管理员定期给用户免费发送防火墙升级程序，这些程序多为可执行程序，这就为黑客提供了可乘之机，很多用户稍不注意就可能在不知不觉中遗失重要信息。

延伸阅读

> 防火墙是计算机网络的一种安全设备。它可以监控进出网络的通信量，仅让安全、核准了的信息进入，同时抵制对企业（或机构）构成威胁的数据，已成为目前世界上用得最多的网络安全设备之一。防火墙因其实现方式可分为硬件防火墙和软件防火墙两大类。硬件防火墙由硬件和少量软件实现，软件防火墙完全由软件实现。前者功能和性能都较强，用于安全要求较高的网络，后者功能和性能相对较低，用于一般的网络或计算机。

四 互联网的风险与防御

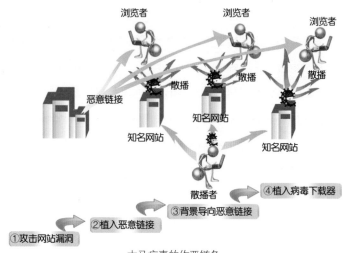

浏览者　　　　浏览者　　　　浏览者

散播　　　散播　　　散播

恶意链接

知名网站

知名网站　　　　　知名网站

散播者　　　　④植入病毒下载器

③背景导向恶意链接

①攻击网站漏洞　　②植入恶意链接

木马病毒的作恶链条

（4）诱入法。黑客编写一些看起来"合法"的程序，上传到一些FTP站点或是提供给某些个人主页，诱导用户下载。当一个用户下载软件时，黑客的软件一起下载到用户的机器上。该软件会跟踪用户的电脑操作，静静地记录着用户输入的每个口令，然后把它们发送给黑客指定的互联网信箱。例如，有人发送给用户电子邮件，声称为"确定我们的用户需要"而进行调查。作为对填写表格的回报，允许用户免费使用多少小时。但是，该程序实际上却是搜集用户的口令，并把它们发送给某个远方的"黑客"。

（5）寻找系统漏洞。许多系统都有这样那样的安全漏洞（Bugs），其中某些是操作系统或应用软件本身具有的，如Sendmail漏洞、Windows98中的共享目录密码验证漏洞和IE5漏洞等。这些漏洞在补丁未被开发出来之前一般很难防御黑客的破坏，除非你不上网。还有就是有些程序员设计一些功能复杂的程序时，一般采用模块化的程序设计思想,将整个项目分割为多个功能模块,分别进行设计、调试,这时的后门就是一个模块的秘密入口。在程序开发阶段,后门便于测试、更改和增强模块功能。正常情况下,完成设计之后需要去掉各个模块的后门,不过有时由于疏忽或者其他原因(如将其留在程序中,便于日后访问、测试或维护),后门没有去掉,一些别有用心的人会利用专门的扫描工具发现并利用这些后门,然后进入系统并发动攻击。

(6)制造、散播计算机病毒。这是黑客常用的手法,通过散播计算机病毒入侵计算机系统进行犯罪活动,达到窃取资料、窃取钱财等目的。

2007年初肆虐网络的"熊猫烧香"木马病毒,在短短的两个月内使上百万个人用户、网吧及企业局域网用户遭受感染和破坏。

"熊猫烧香"病毒编制者李俊是一名仅有初中学历的黑客,2007年2月被警方抓获并于9月获刑四年,但这并没有减慢病毒产业膨胀的步伐。与随后肆虐的"灰鸽子"相比,"熊猫烧香"俨然是"小巫见大巫"。连续三年被指为年度十大病毒、被反病毒专家称为最危险的后门程序"灰鸽子"于2001年问世,"灰鸽子2007"于2007年3月集中爆发。据不完全统计,其直接售卖价值就达2 000万元以上,用于窃取账号等的幕后黑色利益可想而知。截至目前,"灰鸽子2010"等各种变种还在不断危害全球网络安全。

2010年11月,国内又发现一个专攻银行网络的病毒。该病毒入侵后,即可窃取银行账号,转移账号上的资金。幸好及时发现,未造成经济损失。

黑客侵入计算机系统是否造成破坏以及破坏的程度,因其动机不同而有很大的差别。

（1）好奇型。确有一些黑客（特别是"初级"黑客），纯粹出于好奇心和自我表现欲而闯入他人的计算机系统。他们可能只是窥探一下你的秘密或隐私，危害性不是很大。

（2）泄愤型。有一些黑客，出于某种原因进行泄愤、报复、抗议而侵入，篡改目标网页的内容，羞辱对方，虽不对系统进行致命性的破坏，也足以令对方伤透脑筋。例如1999年5月以美国为首的北约炸毁我国驻南使馆后，曾有一大批自称"正义的黑客"纷纷闯入白宫、美国驻华使馆、美国国防部和美国空军等官方网站，在其主页上大涂鸦，以示抗议。又如为了表达对俄军进入车臣的愤恨，一些黑客们袭击了俄国新闻机构塔斯社的站点，迫使该社站点被迫关闭约1小时。

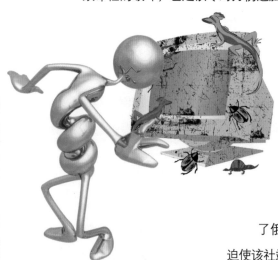

满身伤痕的计算机成为黑客的目标

（3）破坏型。这种黑客擅长恶意的攻击、破坏，其危害性最大，所占的比例也最大。其中可分为三种情况：一是窃取国防、军事、政治、经济机密，轻则损害企业、团体的利益，重则危及国家安全；二是谋取非法的经济利益，如盗用账号非法提取他人的银行存款，或对被攻击对象进行勒索，使个人、团体、国家遭受重大的经济损失；三是蓄意毁坏对方的计算机系统，为一定的政治、军事、经济目的服务。系统中重要的程序数据可能被篡改、毁坏，甚至全部丢失，导致系统崩溃、业务瘫痪，后果不堪设想。

目前，在我国已基本形成了制造木马、传播木马、盗窃账户信息、第三方平台销赃、洗钱这一分工明确的网上黑色产业链。一些中小企业为确保电子商务安全甚至不得不定期交"保护费"……隐藏在网络背后的黑色产业链究竟藏着多少不为人知的秘密？

 防御黑客

2001年，第九届全国运动会在广东召开。为了保障运动会的顺利进行，主办单位组织有关部门开发了一个"九运会信息管理系统"，负责新闻发布、运动员管理、比赛场地管理、比赛进程管理、比赛设备管理、电子商务管理等工作。在运动会进行期间，该系统遭到国内外黑客近万次攻击，但没有一次能够得逞。黑客们不得不知难而退，败下阵来。

防御黑客，可从行政防御和技术防御两个方面入手。

行政防御主要是制定和执行相应的法律法规，防范和治理黑客犯罪。在美国，除了联邦调查局（FBI）查处黑客活动外，美国司法部的"网络犯罪与知识产权署"也积极参与打击网络犯罪。

在我国，相应的法律法规正逐步建立和完善。例如，已经制订了《中华人民共和国国家安全法》《中华人民共和国保守国家秘密法》《中华人民共和国计算机信息系统安全保护条例》《计算机信息网络国际互联网安全保护管理办法》等。此外，还有一些地方的

法律法规。对于这些法律法规，作为中华人民共和国的公民都应模范遵守。为了使法律法规得以贯彻执行，我国在公安部门和国家安全部门还建立了相应的计算机信息网络安全监管机构。

技术防御就是从技术层面抵御黑客的进攻，这方面的技术和产品很多。例如，防火墙、入侵检测、安全扫描、安全审计、安全加固，等等。对于个人电脑，最简单的方法就是安装软件防火墙。此外，还可以给操作系统打补丁，让黑客找不到可以进攻的漏洞。

有计算机网络就会有黑客，与黑客的战斗就不会停息，正所谓魔高一尺，道高一丈。计算机及其网络系统，将会在与黑客的战斗中锻炼得更安全、更坚强。

2 瘟疫般的计算机病毒

计算机病毒最早出现在70年代科幻小说中。对其最早的科学定义出现在 1983年美国南加州大学在读研究生弗雷德·科恩的博士论文"计算机病毒实验"上。

从第一个计算机病毒问世以来，究竟世界上有多少种计算机病毒，说法不一。无论多少种，计算机病毒的数量仍在不断增加。据国外统计，计算机病毒以10种/周的速度递增，另据我国公安部统计，国内以4~6种/月的速度递增。

生活中，出现过SARS、H1N1等病毒，传染性极其厉害，能够侵蚀到体内，严重者可致死或瘫痪。像普通病毒一样，计算机病毒（含手机病毒）也具有很强的复制性、传染性和破坏性。

 何为计算机病毒（含手机病毒）

《2009年中国电脑病毒疫情及互联网安全报告》数据显示，2009年，被网络安全防护机构截获的新增计算机病毒和木马20 684 223个，与2008年相比增加了49%。全国共有76 409 010台计算机感染病毒，与2008年的感染量相比增加了13.8%。其中广东、江苏、山东三地的病毒感染量位居全国前三位，总感染量占到全国感染量的25%。

权威统计数据表明，1999年计算机病毒造成的全球经济损失为36亿美元，2000年这个数字增长为43亿美元，2001年全球计算机病毒所造成的经济损失高达129亿美元，2002年损失是200亿美元，2003年则达到了280亿美元。随着联网电脑的增加，全球因为计算机病毒造成的损失每年增幅达30%。

1998年4月26日，CIH爆发，全球超过6 000万台电脑被破坏，一天之内，我国有几十万台计算机瘫痪或数据丢失。全国范围内因CIH病毒发作受到侵害的计算机总量为36万台，其中主板受损的比例为15%，直接经济损失为0.8亿元人民币，间接经济损失超过10亿元人民币。CIH计算机病毒在全球造成的损失估计是10亿美元。

2000年4月26日，CIH病毒再度爆发，全球损失超过10亿美元。这一天，仅北京就有超过6 000台电脑遭CIH病毒破坏。

2000年5月，受"爱虫（I Love You）"计算机病毒的影响，全球的损失估计达100亿美元。

2003年1月，"2003蠕虫王"病毒发作5天后，英国的市场调查机构估计，全世界范围内因此造成的直接经济损失达到12亿美元，感染计算机超过100万台。

2003年8月，冲击波（Worm.Blaster）爆发。根据业内人士估算，"冲击波"给全球互联网所带来的直接损失为几十亿美元，超过"蠕虫王"，感染计算机超过100万台。

2004年1月27日，SCO炸弹（Worm.Novarg）病毒全球爆发。据英国安全公司mi2g称，该病毒所造成的经济损失已经达到261亿美元。

2009年1月18日，牛年首个重大计算机病毒"猫癣"被发现，随后其变种数量多达500个，平均每天我国有40万台电脑染毒。"猫癣"在短短一个月时间里，累计导致约3 000万台次计算机访问恶意网页，其中造成约数百万台次电脑感染"猫癣"病毒。该病毒目标囊括魔兽世界、大话西游onlineII、剑侠世界、封神榜II、完美系列游戏、梦幻西游、魔域等主流游戏用户的虚拟财产的破坏，造成的损失难以估量。

2010年2月爆发的"手机骷髅"病毒感染了10万多部智能手机，造成直接经济损失超过2 000万元，而这一病毒在2010年国庆黄金周再次爆发。此病毒的传播范围大，从原先简单的系统破坏、恶意扣费，扩展到隐私窃取、金融盗号和窃听监控等。伴随着智能手机的发展，手机病毒进入"高速发展期"。

2011年春节期间，国家计算机病毒应急处理中心通过监测发现，手机病毒Spy. Flexispy出现新变种。该病毒又名"X卧底"，不但可以监控用户收发短信和通话记录，还可远程开启手机听筒，监听手机周围声音，实时监听部分用户的通话，并且利用GPS功能监测到手机用户所在位置，给用户安全隐私造成极大的威胁。

计算机病毒（含手机病毒）是一段非常小的（通常只有几KB）、会不断自我复制的、隐藏和感染其他程序的程序码。也就是说，计算机病毒也是一种计算机软件。它在我们的电脑里执行，并且导致各种破坏性影响，例如，可使电脑里的程序、数据消失或改变。计算机病毒与其他威胁不同，它可以不需要人们的介入就能由程序或系统传播出去，就像瘟疫一样。

可见，计算机病毒与我们平时所说的医学上的生物病毒是不一样的，它实际上是一种电脑程序（软件），只不过这种程序比较特殊，它是专门给人们捣乱和搞破坏的，它寄生在其他文件中，而且会不断地自我复制并传染给别的文件，通过网络还可传染给其他计算机。

预防计算机病毒，喷杀毒水可不行

以前人们一直以为，计算机病毒只能破坏软件，对硬件毫无办法，可是CIH病毒打破了这个神话，因为它竟然在某种情况下可以破坏硬件。不过，更多的电脑染毒后通常表现为工作很不正常，莫名其妙死机，突然重新启动，程序运行不了。有的病毒发作时满屏幕会下雨，有的屏幕上会出现毛毛虫等，甚至在屏幕上出现对话框，这些病毒发作时通常会破坏文件，是非常危险的。如果电脑工作不正常，就有可能是染上了病毒。病毒所带来的危害更是不言而喻了。

突然杀出的病毒

计算机病毒至今已有数万种以上，可以从不同的角度对其进行分类，例如：

（1）从病毒的寄生方式，分为文件型病毒、引导型病毒和复合型病毒。

文件型病毒寄生在计算文件中，破坏可执行文件或数据文件，从而导致计算机系统不能正常工作；引导型病毒寄生在磁盘引导区或主引导区，当系统启动引导时便入侵系统，驻留内存，监视系统运行，伺机破坏；复合型病毒是指同时具备文件型病毒和引导型病毒特性的病毒。这类病毒，既感染磁盘的引导记录，又感染可执行文件，因此清除它时，必须做到全面、彻底，不留隐患。

　　（2）从病毒的传播范围，分为单机病毒和网络病毒。

　　单机病毒只感染单台计算机，不会自动传播给其他计算机，除非其他计算机也使用了受感染了的硬件或软件；网络病毒则可通过网络自动传播。当今的计算机病毒大多是网络病毒，因此网络应用要特别小心。

　　（3）从病毒的"毒性"，分为良性病毒和恶性病毒。

　　良性病毒的"毒性"较温和，一般不会破坏数据或系统，但会大量占用CPU空间，降低系统运行效率，不可不防；恶性病毒是指对数据或文件造成破坏，甚至导致系统瘫痪的病毒，此类病毒危害极大，是人们防范的主要对象。

手机上网也得提防病毒侵蚀

病毒入侵方式

2001年10月2日，美国加利福尼亚州卡尔斯巴德的"电脑经济"公司指出，"尼姆达"（Nimda）电脑病毒在全球各地侵袭了830万台电脑，总共造成5亿9 000万美元的损失。该公司研究部门副总经理爱伯胥勒说："它极可能是撒旦派来的使者，因为为它付出30亿美元的扫毒费用，外加30亿美元的生产力损失，是轻而易举的事。"

2001年8月，一种叫做"红色代码"（CodeRed）的专门攻击网站服务器的计算机病毒及其变种，急速在互联网间蔓延，数以万计的服务器未能幸免，在病毒迅猛的攻击下纷纷落马。短短数周内，单单美国就造成了20多亿美元的损失，再次给互联网时代的网络安全敲响了警钟。

计算机病毒之所以称为病毒是因为其具有传染性的本质。其传染渠道通常有以下几种：

（1）通过软盘。通过使用外界被感染的软盘，例如，不同渠道来的系统盘，来历不明的软件、游戏盘等是最普遍的传染途径。由于使用带有病毒的软盘，使机器感染病毒发病，并传染给未被感染的"干净"的软盘。大量的软盘交换，合法或非法的程序拷贝，不加控制地随便在机器上使用各种软件造成了病毒感染、泛滥、蔓延的温床。

（2）通过硬盘。通过硬盘传染也是重要的渠道，由于带有病毒的机器移到其他地方使用、维修等，传染给干净的硬盘并再扩散。

（3）通过光盘。因为光盘容量大，存储了海量的可执行文件，大量的病毒就有可能藏身于光盘。对只读式光盘，不能进行写操作，因此光盘上的病毒不能清除。以谋利为目的的非法盗版软件的制作，不可能为病毒防护担负专门责任，也决不会有真正可靠可行的技术保障避免病毒的传入、传染、流行和扩散。当前，盗版光盘的泛滥给病毒的传播带来了很大的便利。

（4）通过网络。这种传染扩散极快，能在很短时间内传遍网络上的机器。随着互联网的风靡，给病毒的传播增加了新的途径，互联网的发展使病毒可能成为灾难，病毒的传播更迅速，反病毒的任务更加艰巨。互联网带来了两种不同的安全威胁，一种威胁来自文件下载，这些被浏览的或是被下载的文件可能存在病毒；另一种威胁来自电子邮件，大多数互联网邮件系统提供了在网络间传送附带格式化文档邮件的功能，因此，遭受病毒的文档或文件就可能通过网关和邮件服务器涌入企业网络。网络使用的简易性和开放性使得这种威胁越来越严重。

病毒的危害与防范

1988年11月2日下午5时1分59秒，美国康奈尔大学的计算机科学系研究生，23岁的莫里斯（Morris）将其编写的蠕虫程序输入计算机网络，致使这个拥有数万台计算机的网络被堵塞。这件事就像是计算机界的一次大地震，引起了巨大反响，震惊全世界，引起了人们对计算机病毒的恐慌，也使更多的计算机专家重视和致力于计算机病毒研究。

1988年下半年，我国在统计局系统首次发现了"小球"病毒，它对统计系统影响极大，此后由计算机病毒发作而引起的"病毒事件"接连不断，如CIH、美丽莎、熊猫烧香等病毒更是给社会造成了很大损失。

广州的孙先生新买的手机在2010年国庆前几天收到了一条信息，称需要点击一个网络链接，以完成手机软件的自动升级。孙先生也没多想，就按下了链接，谁知网页突然关闭，然后手机自动开始发送短信，让孙先生难以置信的是，短信发送给了自己手机通讯录中所有的人。孙先生见状后立即关闭手机，重新启动时，手机又开始自动发送信息。孙先生拿着手机到该品牌手机的维修点，工作人员告诉他，手机中了病毒。"幸好你关机关得早，要不然肯定耗费你的流量和费用。"维修人员说，"前几天也有人因为手机中毒到店里咨询，他的手机是自动发送彩信给通讯录中的人，而且还自动上网，我听那位手机用户说，自己当天刚充了100元话费，结果晚上查询时已欠费500多元了。"

计算机资源的损失和破坏，不但会造成资源和财富的巨大浪费，而且有可能造成社会性的灾难，随着信息化社会的发展，计算机病毒的威胁日益严重，反病毒的任务也更加艰巨了。

计算机病毒类似于生物病毒，它能把自身依附在文件上或寄生在存储媒体里，能对计算机系统进行各种破坏，同时有独特的复制能力，能够自我复制，并具有传染性可以很快地传播蔓延。当文件

名噪一时的熊猫烧香病毒

被复制或在网络中从一个用户传送到另一个用户时，它们就随同文件一起蔓延开来，但又常常难以根除。与生物病毒不同的是，几乎所有的计算机病毒都是人为编写出来的一段可执行的程序码，因而人们自然有办法对付它，消灭它！

病毒如此可怕，我们应该如何防范呢？

（1）养成良好的上网习惯。对一些来历不明的邮件及附件不要打开，不要上一些不太了解的网站，不要执行从互联网下载后未经杀毒处理的软件等，这些必要的习惯会使你的计算机更安全。

（2）关闭或删除系统中不需要的服务。默认情况下，许多操作系统会安装一些辅助服务，如 FTP 客户端、Telnet和Web服务。这些服务为攻击者提供了方便，而又对用户没有太大用处，如果删除它们，就能大大减少被攻击的可能性。

（3）经常升级安全补丁。据统计，有80%的网络病毒是通过系统安全漏洞进行传播的，像蠕虫王、冲击波、震荡波等，所以我们应该定期到微软网站去下载最新的安全补丁，或安装360安全卫士自动检测漏洞。

（4）使用复杂的密码。有许多网络病毒就是通过猜测简单密码的方式攻击系统的，因此使用复杂的密码，将会大大提高计算机的安全系数。

（5）迅速隔离受感染的计算机。当你的计算机发现病毒或异常时应立刻断网，物理隔离、逻辑隔离都是不错的措施，以防止计算机受到更多的感染，或者成为传播源，再次感染其他计算机。

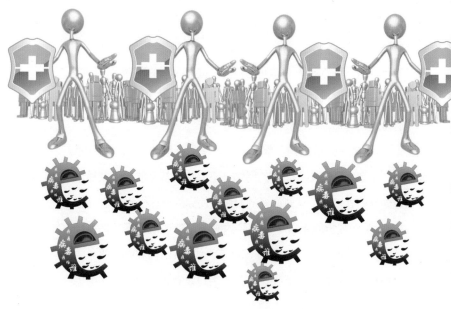

病毒恐怖肆虐并非防不胜防

（6）了解一些病毒知识。这样就可以及时发现新病毒并采取相应措施，在关键时刻使自己的计算机免受病毒破坏。如果能了解一些注册表知识，就可以定期看一看注册表的自启动项是否有可疑键值。如果了解一些内存知识，就可以经常看看内存中是否有可疑程序。

（7）安装专业的杀毒软件进行全面监控。在病毒日益增多的今天，使用杀毒软件进行防毒，是越来越经济的选择。不过用户在安装了反病毒软件之后，应该经常进行升级，将一些主要监控经常打开，如邮件监控、内存监控等，遇到问题要上报，这样才能真正保障计算机的安全。

（8）用户还可安装个人防火墙软件。由于网络的发展，用户电脑面临的黑客攻击问题也越来越严重，许多网络病毒都采用了黑客的方法来攻击用户电脑，因此，用户安装了个人防火墙软件，既能抵御黑客的攻击，又能防治病毒。

延伸阅读

物理隔离、逻辑隔离都是为了保证内部网络安全的措施。内部网与互联网联接一般都要采取一定的隔离措施。如果内部网络完全独立，与互联网无任何关系，这叫物理隔离。物理隔离最安全，一般用于政府部门的涉密网络。如果内部网络通过防火墙再与互联网连接，这叫逻辑隔离。只要防火墙配置合理，安全措施得当，逻辑隔离下的网络安全也是有保障的。逻辑隔离可用于除涉密网以外的所有网络。

四 互联网的风险与防御

 暴力色情信息的现状与危害

中国青少年犯罪研究会2010年的统计资料表明，目前青少年犯罪总数占全国刑事犯罪总数的70%以上，其中14～18岁的未成年人犯罪又占到青少年犯罪总数的70%以上，有70%的少年犯因受网络暴力色情内容影响而诱发盗窃、抢劫、强奸、杀人、放火等严重犯罪。

研究显示，目前地下网吧是传播色情、反动内容的场所之一，对青少年身心健康造成很大危害。

网络暴力色情信息通常是指互联网上以不同形式传播的黄色图片、色情文学、色情游戏、淫秽影片、色情行为以及其他暴力等有害信息。

互联网技术极大地助长了暴力色情信息的传播。对个人而言，在传统社会，个人接触色情信息必须通过购买黄色报刊、黄色光盘，或去阴暗的色情传播场所，这多少有点脸面上的难堪。而网络使暴力色情进入个人电脑，个人在自己的家中就可以轻易地甚至不留痕迹地获取暴力色情信息。特别是大量强行塞入电子信箱的色情信息，稍不留心就会面临网络暴力色情的冲击。而且，随着网络技术的发展，网络暴力色情信息的传播渠道越来越多样化，它不局限于网站、电子邮件、BBS等，目前较热门的暴力色情传播渠道主要是：视频聊天、BT下载、网摘、电影网站、P2P下载、内容网站等6种。

啊? 怎么会这样呢！！

暴力色情信息充斥互联网

在互联网有害信息中，目前传播面最为广泛的就是网络色情信息。据最新资料统计，互联网上的色情网站已有420万个，占全部网站的12%；色情网页有3.72亿个，每天色情主题搜索6 800万，占全部搜索问题的25%；每天色情邮件250万封，占全部邮件的8%。

苏格兰一家软件公司对互联网所做的调查显示，每天世界上会新增2万多个色情网站。互联网上非学术性信息中有47%的内容与色情有关。网络上大量的色情内容，以低级简单的方式重复链接，对现实社会中意志薄弱的人产生了极大的诱惑。其结果是，亚洲地区搜索引擎中出现频率最高的词是"SEX"，在新加坡、马来西亚、菲律宾、印度及我国台湾、香港等地区全无例外。在网站10大关键词排行榜中，与性相关的词就占了8个。

青少年由于缺乏正确的人生观，通常在暴力色情信息面前缺乏必要的防范能力。近年来，由于接触网络暴力色情信息而导致的犯罪正在日益增加。网络暴力色情通过大量的黄色信息网传输，以网络为媒介对无辜者进行性引诱、性骚扰，从而造成恶劣的社会影响。其中最为无辜的是少年儿童。在英国破获的一起网络儿童色情犯罪团伙案中，自称仙境俱乐部的犯罪团伙，靠在互联网上销售儿童色情照片牟取暴利，警方搜出的黄色儿童图片有75万张，涉及1 200多名无辜儿童，其中最小的只有三个月，这是世界上最大的涉嫌儿童网络色情犯罪的案件。

青少年沉迷成人网络

中国青少年研究中心2009年公布的一项针对"青少年网络伤害问题研究"课题的调查结果显示,目前我国青少年每天平均上网时间为5.3小时,青少年上网时间为全国平均水平的2.3倍,48.28%的青少年接触过黄色网站;43.39%的青少年收到过含有暴力、色情、恐吓、教唆、引诱等内容的电子邮件或电子贺卡;14.49%的青少年因为相信了网上的虚假信息造成了财物或身心的伤害。色情信息和暴力信息是青少年遭受网络伤害的两大因素,色情、暴力信息已成为青少年遭受网络伤害的"罪魁祸首"。

据北京市海淀区法院的统计,抢劫罪的数量在1999年以后上升为未成年人犯罪之首,性犯罪案例近年来也有所增加,这两种未成年人犯罪类型八成左右都与网络有关。调查发现,网络里的色情信息对青春期孩子的影响甚至大过暴力信息。

互联网是一把双刃剑,给工作、学习、生活带来翻天覆地变化的同时,暴力色情信息也充斥着网络世界。因此,如何防范网络暴力色情给网民尤其是青少年网民带来的危害迫在眉睫。

一般认为,做到合理防范,可以从以下几个方面着手。

首先,树立正确的人生价值观仍然是关键。要自觉远离网络暴力色情信息,不要在歪风邪念面前迷失方向。

其次,通过一定的技术手段,屏蔽有关网络暴力色情网站和相关信息。这需要国家立法和网络管理者的共同努力,而家庭电脑也可以通过安装相应的安全防护软件达到这个目标。

四 互联网的风险与防御

再者，要养成参与举报暴力色情等违法行为的习惯，让暴力色情信息如同过街老鼠，永无藏身之处。

总而言之，在短期内，暴力色情信息很难从根本上杜绝。洁身自好，做好自我保护仍然是重中之重。

科技小·档案

趋利性病毒

从前，病毒作者编写的目的是"损人不利己"。像著名的CIH病毒，虽然把6 000万台计算机搞瘫痪了，但病毒作者陈盈豪不仅没得到1分钱的利润，还被警方领到了台北"刑事局"。而现在，获取经济利益成了病毒作者编写的主要目的，就像"熊猫烧香"的作者李俊，每天入账收入近1万元，被警方抓获后，承认自己获利上千万元，病毒的暴利可见一斑，无怪乎"熊猫烧香"案中被抓获的病毒购买传播成员仰天长叹："这是个比房地产来钱还快的暴利产业"。暴利驱使病毒制作者不惜铤而走险，以身试法。这些病毒就是典型的趋利性病毒，已经成为当今计算机及网络的最大危害。

现在，网络上一万只"肉鸡"叫卖1 000元。所谓"肉鸡"，简单解释是指在互联网上被黑客远程控制的电脑，被黑客控制的"肉鸡"，没有任何秘密可言，监控用户动作，窃取一切有价值的东西，诸如密码、虚拟财产、个人隐私等，甚至打开用户摄像头，或者长期潜伏。

凡是能换成钱的东西，都成为黑客攻击的目标

利用病毒成为黑客获利的一种途径，黑客窃取的目标从QQ密码、网游密码、游戏装备、个人隐私到银行账号、信用卡账号、商业秘密、国家机密，甚至利用庞大的"僵尸网络"进行攻击敲诈。调查显示，60%网游玩家财产曾经遭盗，"密码、账号被盗"现象猛增，成为病毒危害的新特点。这是由于当前木马、病毒很多具有盗窃用户敏感信息的特点，并且犯罪分子将木马、病毒和相关技术作为从事网络犯罪活动的主要工具和手段，这样的案例非常多。

案例一：黑客窃取他人裸照勒索钱财被判刑6年

2006年3月间，李某使用黑客软件侵入被害人陈某的电脑系统，盗窃受害人裸体照片。然后李某以要公开受害人裸体照片相要挟，成功诈骗7万元，意图继续敲诈时，被警方抓获。

案例二：黑客利用木马程序偷资料敲诈被判4年

黑客韩某利用木马程序，侵入一家翻译公司电脑中盗取业务资料，敲诈2万元。被法院以敲诈勒索罪判处有期徒刑4年，追缴2万赃款发还被害人。

病毒呈现工具化、自动化，未知病毒和新病毒使用户防不胜防

病毒编写者目的的改变，使得病毒从形式、传播方式、数量等方面均发生了颠覆性的变化，也因此出现了"自动加壳机"、"自动免杀机"等自动化加工病毒工具。当前病毒出现工具化和自动化生成等最新特征，同时呈现隐蔽性、抗杀性、针对性的特点，导致病毒呈几何级数递增，未知病毒和新病毒让用户防不胜防。

在搜索引擎搜索框中输入病毒生成器，可以查询到上百万的结果，其中不乏各种病毒的自动批量生成器，即使菜鸟使用这种生成器，也可在很短的时间内创造成百上千的病毒。而这些新生成的病毒对于杀毒软件厂商来说在未收集到样本前都是不能够识别的。

趋利性病毒已形成黑色产业链

据国家计算机病毒应急处理中心的调查数据显示，当前我国已经形成了以"黑客培训→病毒制造→病毒加工（免杀）→出售病毒→传播病毒→盗窃信息→第三方平台销赃→洗钱"为环节的一条完整黑色产业链，一个个黑客和病毒传播者利用这条产业链，非法获取巨大的经济利益。目前这条"黑色产业链"的年产值已超过2.38亿元人民币，造成的损失则超过76亿元。

2008年扬州警方破获的"伯乐木马案"就牵出完整盗号产业链，从顶端"制马"到终端的盗取装备牟利，犯罪嫌疑人呈金字塔形分布。仅目前掌握的就多达700余人，涉及20多个省50多个市。新型网络犯罪团伙纠合之快、人数之众，超乎人们的想象。此外，涉案人员身份隐匿，查证困难，盗号产业链给用户、厂商乃至整个互联网带来巨大危害。

以趋利性为显著特征的病毒攻击，已完全颠覆了传统意义上的病毒危害，反病毒形势严峻。

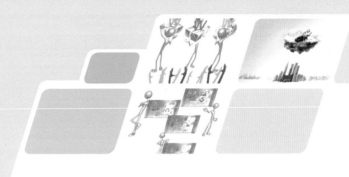

五 下一代互联网

互联网的未来，你可以畅想：

如果你是病人，在未来的某天，你病了，你不需要去医院等待漫长排队挂号，而可以在家把某简单的设备贴在胸前，连接到手机上，系统会自动诊断你的病情，之后按确认键，一会，物流人员便把药送到你的家中。

如果你是商人，在去美国洛杉矶的飞机上，有一份急需你签字确认的合同要发给客户，别着急，打开手机，输入密钥，盖上你的虚拟公章，点击发送，顷刻合同书就发到客户邮箱上。

……

那是真的？是的，虽然这些都是设想，但是都不是梦想。下一代互联网将更快、更及时、更方便、更可管理，帮助人们实现真正的数字化、智能化的生活，使得生活更精彩、更高效。

再创辉煌的下一代互联网

互联网是人类社会重要的信息基础设施，对经济社会发展和国家安全具有战略意义，与构建和谐社会、建设创新型国家和走新型工业化道路等重大战略的实施紧密相关。在IPv 4时代，中国在互联网领域的研究落后国外8～10年。IPv 6的顺利实施，使中国在这一领域的研究与应用已与国际水平并驾齐驱，一些方面甚至领先国际水平。

 为什么要研究下一代互联网

互联网IP地址很快就将用尽？3G才刚开始，4G就要到来？对于最近流行的热门话题，权威专家怎么说？中国工程院副院长、院士邬贺铨接受媒体专访时表示，我国现在差不多一个半到两个网民共享一个IP地址，两三年后可能面临IP地址枯竭，如果不及时解决，网络将会常常"塞车"。对于流传的"IP地址将用尽"的说法，邬贺铨院士认为并非危言耸听。因为网民数仍在猛增，两三年后将没有新的IP地址可以再申请。

互联网发展到今天，随着用户的暴增，原有的网络资源已经不能满足未来继续高速发展的需要。于是，有关下一代互联网的建设早已被全球各国提前部署。

互联网远超当初想象的神奇。但是，目前不是所有的人都能接触到互联网，不是所有的虚拟社区都让人感到友爱，不是任何信息都可以得到，对很多人来说这些信息太昂贵了。事实上，网络不但深化了贫富的鸿沟，也深化了代沟。在鸿沟两侧，一边是精通电脑技术的孩子，一边是试图努力赶上科技潮流但总也追不上的中老年人。为了保持年轻，年长者必须学会否认自己的年龄，所以在网络上"老黄瓜刷绿漆——装嫩"的文化流行。网络并没有改变现实社会的政治、经济结构，也许网络是一粒种子，在风中飘荡，遇到合适的土壤、雨水和阳光，就能生根发芽，结出许多籽粒来。这是我们对互联网最大的期许，也是需要研究下一代互联网的主要原因。

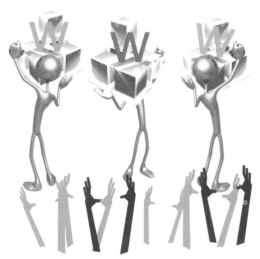

撑起下一代互联网

中国下一代互联网示范工程（CNGI）项目是由国家发展和改革委员会主导，中国工程院、科技部、教育部、中科院等八部委联合于2003年酝酿并启动。下一轮互联网竞争，对中国来讲是一个绝好的发展机会。在下一代互联网的建设中，中国应利用自己的优势，把技术开发放在第一位，并尽快实现相关产品的产业化。

互联网的更新换代是一个渐进的过程。虽然学术界对于下一代互联网还没有统一定义，但对其主要特征已达成如下共识。

五 下一代互联网

更大：采用IPv 6协议，使下一代互联网具有非常巨大的地址空间，网络规模将更大，接入网络的终端种类和数量更多，网络应用更广泛；

更快：100M字节/秒以上的端到端高性能通信；

更安全：可进行网络对象识别、身份认证和访问授权，具有数据加密和完整性保障，实现一个可信任的网络；

更及时：提供组播服务，进行服务质量控制，可开发大规模实时交互应用；

更方便：无处不在的移动和无线通信应用，更方便普及，人人都可享受互联网成果；

更可管理：有序的管理、有效的运营、及时的维护，可创造重大社会效益和经济效益。

对于普通网民来说，在下一代互联网的网址资源将不会稀罕，速度将会更快，且可以实现的事情将会更多，人们的生活将更离不开互联网。

下一代互联网的研究课题与进展

在上一代IPv 4互联网上，美国等少数国家占得先机，以互联网为代表的信息产业给美国经济带来了少有的持续繁荣。但在下一代互联网研究与建设上，我国与发达国家在技术上的差距已经不再明显了。中国研发的下一代互联网主干网创建了世界上第一个纯IPv 6主干网，加速了世界互联网发展的步伐。具有自主知识产权的IPv 6路由器的大规模使用，将使中国在以后互联网的建设中彻底摆脱对外国设备的依赖。

下一代互联网并不轻松，下一代互联网的研究课题范围更广，要求更高。主要的研究内容包括：网络体系结构、流量工程、服务质量控制、中间件技术、网络安全、深化应用等。

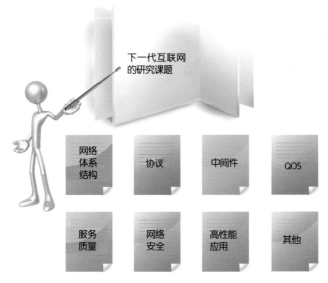

下一代互联网的研究课题范围

目前，在下一代互联网的研究方面，我国已经在部分领域居世界前列。如在中间件领域的起步阶段正是整个世界范围内中间件的初创时期。我国早在1992年就开始中间件的研究与开发，1993年推出产品。而中科院软件所、国防科技大学等研究机构也对中间件技术进行了同步研究。可以说，在中间件领域，国内的起步时间并不比国外晚多少。而在网络安全方面，加密认证技术等研究方面已经取得一定的成绩，并且普遍应用于国防、银行等大型要害机构。

五 下一代互联网

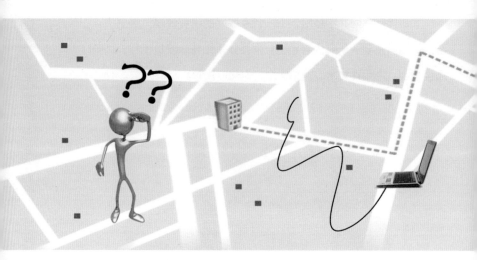

信息高速公路错综复杂

在网络体系结构以及协议方面、IPv 6等方面也进展斐然。

在2004年中国国际教育科技博览会暨中国教育信息化论坛开幕仪式上，中国第一个下一代互联网主干网——CERNET 2试验网正式宣布开通并提供服务。该试验网目前以2.5G的速度连接北京、上海和广州3个CERNET 2核心节点，并与国际下一代互联网相连接，开始为清华大学、北京大学、上海交通大学等一批高校提供高速IPv 6服务。它的开通，标志着中国下一代互联网研究取得重要进展。

2006年，由中国自主研发的下一代互联网主干网核心技术正式通过国家验收。下一代互联网主干网在核心技术上实现了四大突破，其中三项属于国际首创。这不仅确立了中国在下一代互联网领域的领先定位，更重要的是，彻底摆脱了对国外互联网关键技术及产品的依赖。在确保国家信息安全的同时，对中国互联网产业将产生重要影响。

2007年，中国科学技术大学在下一代互联网通用多核体系结构的网络核心算法上成功解决了网络数据包的有效分类算法，保证了基于网络的家庭多媒体的数据包互不影响、相互独立。这项成果表明，未来"宽带家庭"的出现已不是梦想，基于宽带网络，可以同时实现丈夫看网络电视、妻子与好友煲网络电话、女儿则在网络冲浪等。这些基于网络的家庭多媒体的数据包互不影响、相互独立，有赖于有效的数据包的分类算法。

享受未来网络地球村

美国国防部IPv 6进度时间表显示，2002～2004年形成标准的IPv 6协议；2005～2007年，IPv 6和IPv 4协议共同运行；2008年实现美国本土全面的IPv 6计划，IPv 4协议同时退出。有科学家甚至称，未来世界上的每一粒沙子都会有一个IP地址。

朗讯科技贝尔实验室总裁耐特拉瓦利曾做出七大预言。

（1）到公元2025年，我们生活的地球将披上一层"通信外壳"，这层通信外壳将由热动装置、压力计、污染探测器等数以百万计的电子测量设备构成。它们负责监控城市、公路和环境，并随时将测量数据直接输入网络，其方式酷似我们的皮肤不断将感觉数据流传输到我们的大脑。

（2）到2010年，全球互联装置之间的通信量将超过人与人之间的通信量。届时你家中的洗碗机将能自动呼叫生产厂商并报告故障，厂家则可进行远程诊断。

（3）带宽的成本将变得非常低廉，甚至可以忽略不计。随着宽带瓶颈的突破，未来网络的收费将来自服务而不是带宽。交互性的服务，如节目、联网的视频游戏、电子报纸和杂志等服务将会成为未来网络价值的主体。

（4）个人及企业将获得大量个性化服务。这些服务将会由软件人员在一个开放的平台中实现。由软件驱动的智能网技术和无线技术将使网络触角伸向人们所能到达的任何角落，同时允许人们自行选择接收信息的表现，给母亲打电话可以简单到只需说一声"妈妈"。

（5）互联网将从一个单纯的大型数据中心发展成为一个更加聪明的高智商网络。其中的个人网站复制功能将不断预期人们的信息需求和喜好，用户将通过网站复制功能筛选网站，过滤掉与其无关的信息并将其以最佳格式展现出来。

（6）高智能网络将成为人与信息之间的高层调节者。你可以与通信设备直接讲话，如"我想与芝加哥的Bob谈话"，通信设备就会为你找到最佳连接路径。

（7）我们将看到一个充满虚拟化的新时代。在这个虚拟时代，人们的工作和生活方式都会改变，那时我们将进行虚拟旅行、读虚拟大学、在虚拟办公室里工作、进行虚拟的驾车测试……

无规矩，不成方圆

　　2010年11月，在中国互联网上正发生一场罕见的格斗。最初是腾讯与360的火拼，彼此指责对方"偷窃"硬盘。随后，腾讯宣布QQ与360不兼容，强行推出"二选一"，引发网民强烈不满，然后发展到金山、百度、可牛、傲游四家网络服务商加入战斗，表示联手抵制360，他们的客户软件将不兼容360系列软件，用"玉石俱焚"来把用户逼入艰难选择的死胡同。

　　此事的是非曲直，在这里我们姑且不作评价。但是，必须注意到一个事实，这场混战，将有数亿用户的权益受损，他们的"玉石俱焚"，把用户也焚了。我们不禁要问，谁来保障用户的权益？谁来维护互联网的正常秩序？

　　上述问题的答案归结为一点，进一步制定相关的法律法规，完善相关的管理机制。因为，没有相关法律法规的约束，服务商的社会责任就无从谈起，他随时都会为自身的私利而绑架用户的权益；没有相关的法律法规的约束，保护用户权益就是一句空话，用户随时都有可能成为服务商相互厮杀的牺牲品。

　　无规矩，不成方圆，互联网也是这样。因此，相关法律法规建设，应该也是下一代互联网建设的重要任务。

 一位公司职员的早晨

　　"主人，7点了，快起床，上班了！"——咦，谁在叫我呀？好像不是妈妈的声音呢。

　　我从床上一骨碌坐起来，揉揉眼睛一看，哦，原来是书桌上的电脑在提醒我呢。我赶紧穿好衣服，一个鱼跃下了床。

　　这时，电脑又说话了："你饿了吧？请你输入想要吃的早餐，然后稍等。"我输入了"面包1个、牛奶1杯、鸡蛋1个"，接着按下了"确定"键。电脑把指令发送给微波炉和烤箱，不一会儿，热气腾腾的早餐就出现在我面前。

　　吃完早餐，电脑启动检测GPS全球定位系统，自动通过互联网把信号发送到了离我家最近的一辆无人驾驶电动计程车，该车很快开到我家门口。于是，我提起电脑，飞奔到早已等候在家门口的计程车上，赶往办公室。在往办公室的路上，我查看了世界各地的天气预报，还不忘向办公室的智能空调机发出开机命令和温度、湿度的要求……

　　这就是将来在互联网及相关技术支持下，一个公司职员的早晨。

互联网给生活带来无穷乐趣

互联网的终极目标，就是要让生活更美好、工作更有效率。随着网络技术的发展，越来越多的互联网技术应用在工作、学习和生活上。可以预见，在不久的将来，对地震预测、大气检测、疾病监控等许多难以控制的事物，人类通过下一代互联网，都将轻松自如地掌握。

未来，我们可以用电视遥控器打电话，在手机上看电视剧，随需选择网络和终端，只要拉一条线、接入一张网，甚至可能完全通过无线接入的方式就能满足通信、电视、上网等各种应用需求。

五 下一代互联网

下一代互联网平台下的美好生活

在下一代互联网，真正的数字化时代将来临，家庭中的每一个物件都可能分配一个IP地址，都将进入网络世界，所有的一切都可以通过网络来调控。它带给人类的，不仅仅是一种量变，而且是一种质变。

比如，我们现在看奥运会比赛，仅仅是以第三者的身份观看。但在2018年的奥运会上，我们可能会看到这样的转播，每一个运动员身上可能会有一个传感器以及摄像镜头，你可以自由选择不同角度的转播。当你戴上相关设备后，你还可以以运动员或裁判员的身份感受比赛。

比如你清早起床后，洗了一个澡，然后在磅秤上称一称自己的体重，然后出去锻炼回来后准备吃早餐，却发现冰箱的门打不开了。原来磅秤与冰箱是联网的，磅秤发现你体重超标后，及时向冰箱转达了这个信息，于是冰箱向你发出警示，不允许你打开冰箱吃东西。

在电视智能家庭中，还有更好的家庭远景。当你在看电视时，觉得房间灯太亮了，没关系，只要你按动机顶盒遥控器的环境灯光调节钮，灯光马上就变暗甚至关闭；如果有人来访，电视机屏幕上会出现"有人敲门"的提示，你不需要离开沙发甚至不需起身，电视机屏幕上双视窗就会出现等待你开门的来访者的实时图像，按下遥控器的开门键，就可以开门。不仅如此，通过遥控器还可以控制家庭空调、冰箱，甚至可以将你的各类健康指标体征信息，比如血压、心率等各类数据实时上传，通过后台系统数据库为你的健康实时进行分析。社区医生也可以通过视频通话的方式在电视机上为你提供一对一的家庭保健咨询服务。

下一代互联网最大的意义就是让我们的梦想变成现实。我们现在所说的远程教育（网络教育）、远程医疗，在一定意义上并不是真正的网络教育或远程医疗。比如网络教育，由于网络基础条件的原因，大量还是采用网上网下结合的方式，难以做到真正的互动、适时。当然，未来的学校，可能将会改变，更多的学生会通过网络世界接受名师的个性化教育，完成学业。孔老夫子的"因材施教，有教无类"的理想，恐怕要到网络教育高度发达、水平极大提高的时候才能真正实现。

远程医疗，更多只是一种远程会诊，并不能进行远程手术，尤其是精细的手术治疗，几乎不可想象，其原因之一就是网络速度难以满足，做不到适时传输大规模数据。但在下一代互联网上，这些都将成为最普通的应用。事实上，2009年美国一位医生就"先吃了螃蟹"，他通过互联网控制一个机器人为一位2 000千米以外的病人做了胰腺癌手术。当然，那仅仅是一种试验，距实际临床应用，还有很长的路要走。

我们还可进行更多更多更多的畅想，也许这些畅想目前只是幻想、梦想，但我们确信一句名言：在人类社会发展的长河中，只有未想到，没有做不到。

未来空中办公的畅想

科技小·档案

3G

　　3G是英文3rd Generation的缩写，指第三代移动通信技术。相对第一代模拟制式手机（1G）和第二代GSM、TDMA等数字手机（2G），第三代手机是指将无线通信与国际互联网等多媒体通信结合的新一代移动通信工具。它能够处理图像、音乐、视频流等多种媒体形式，提供包括网页浏览、电话会议、电子商务等多种信息服务。2009年1月，我国首次发放3G牌照，标志着我国正式进入3G年代。

　　中国的3G之路刚刚开始，最先普及的3G应用是"无线宽带上网"，8.5亿的手机用户随时随地手机上网。而无线互联网的流媒体业务将逐渐成为主导，随着3G时代到来，手机变成小电脑就再也不是梦想了。

IPv 4

　　IPv 4是Internet Protocol version 4（网际协议版本4）的英文简称，而中文简称为"网协版4"。

　　互联协议（IP）是互联网中两个最重要的协议之一，简称IP协议。与IP协议配套使用的还有地址解析协议ARP、逆地址解析协议RARP和互联网控制报文协议。IP协议规定了IP地址的格式和IP数据的格式。与其配套的协议则规定了地址更换、报文传输等要求。

　　目前使用的IP协议——IPv 4，是20世纪末期设计的，面对当今互联网的发展规模和信息传输速率，IPv 4已力不从心。其中最主要的问题是IP地址只有32位（二进制），从理论计算，32位（二进制）地址空间，最多只能容纳2^{32}个（约42亿）地址，目前已基本分配殆尽。被誉为"互联网之父"的文顿·约瑟夫最近指出，全球IP地址将在"数周内"告罄！

　　这绝对不是危言耸听。随着互联网连接计算机和网站数量的不断激增，随着笔记本电脑、平板电脑、智能手机，以及各式智能终端的疯狂接入，专家估计，未来IP地址的需求量将是目前的十倍。这是IPv 4无法承受的压力。

IPv 6

　　IPv 6是为了克服IPv 4的缺陷而设计的下一代互联网络的IP协议。此事早于1992年6月已由互联网工程部（IETF）提出来。1995年以后陆续公布了一系列关于IPv 6的协议、编址方法、路由选择、安全控制等相关文档。

　　IPv 6的最大特点是大大扩大了IP地址的空间，IP地址长度从

IPv 4的32位（二进制），扩展到128位（二进制），使地址空间增大了2^{96}倍，每平方米地球表面可以分配到7×10^{23}个IP地址。因此，IPv 6的地址空间不但是海量，而且是不可能用完的！

IPv 6的另一特点是采用全新的数据板格式，首部格式十分灵活，且允许与IPv 4在若干年内共存。此外，IPv 6简化了协议，加快了分组的转发。同时，允许对网络资源的预分配，支持对宽带及时延都要高的应用，如实时视像服务等。IPv 6还有很好的适应性和扩展性，根据未来技术的发展，允许不断增加新的功能。

也许有人会问：有IPv 4、IPv 6，怎么没有IPv 5呀？有的。但IPv 5早已留给了另一个面向连接的IP协议，所以下一代IP协议IP NG（IP Next Generation）就称为IPv 6。

当然，IPv 6并非十全十美，不可能解决所有问题。IPv 6只能在发展中不断完善，逐步过渡，但过渡需要时间和成本。从长远看，IPv 6有利于互联网的持续和长久发展。

附录 互联网大事记

附录A　全球互联网发展大事记

1．1969年9月2日，加利福尼亚大学洛杉矶分校在实验室里完成了两台计算机之间的数据传输试验，即阿帕网（Arpanet）的产生。10月29日，加利福尼亚大学洛杉矶分校与史坦福大学研究学院实现首次网络连接。

2．1970年，阿帕网在美国东海岸地区建立了首个网络节点。

3．1972年，雷·汤姆林森（Ray Tomlinson）引入电子邮件功能，并选择@符号标记电子邮件地址。

4．1973年，阿帕网建立了首个全球节点，地点位于英格兰和挪威。

5．1974年，温顿·瑟夫（Vint Cerf）与鲍勃·卡恩（Bob Kahn）开发了TCP通讯协议，后演变为TCP/IP，1983年1月1日成为国际标准。

6．1983年，域名系统（DNS）被提上日程。一年后，.com，.gov和.edu域名被启用。

7．1988年，首个互联网蠕虫"莫里斯"（Morris）爆发，感染数千台计算机。

8．1989年，量子计算机服务公司（即AOL）为Macintosh和Apple II两种型号的计算机提供网络接入服务。

9．1990年，蒂姆·伯纳斯·李（Tim Berners Lee）在欧洲核子研究中心（CERN）开发了远程控制计算机的方法，万维网（WWW）诞生。

10．1993年，马克·安德森（Marc Andreessen）与伊利诺伊大学的同事开发了首款图形Web浏览器Mosaic。

11．1994年，安德森与Mosaic团队成立公司，开发首个商业化浏览器Netscape。

12. 1995年，亚马逊网站开张营业。

13. 1998年，谷歌成立。

14. 1999年，Napster普及了音乐共享。

15. 2000年，互联网泡沫破裂。

16. 2002年，全球网民数量超过5亿。

17. 2004年，社交网站Facebook诞生。

18. 2005年，视频网站YouTube诞生。

19. 2006年，全球网民数量超过10亿。

20. 2007年，苹果推出iPhone手机。

21. 2007年，谷歌推出Android手机操作系统。

22. 2008年，全球网民数量超过15亿。中国网民数量达到2.5亿，超越美国居全球首位。

23. 2010年4月3日，苹果公司IPAD平板电脑开始上市销售。

附录B 中国互联网发展大事记

1．1986年，北京市计算机应用技术研究所实施的国际联网项目——中国学术网启动。

2．1987年9月，北京建成中国第一个电子邮件节点，并发出中国第一封电子邮件，揭开中国人使用互联网的序幕。

3．1990年11月28日，中国正式注册登记中国的顶级域名CN，从此中国的网络有了自己的身份标识。

4．1993年3月12日，国家提出和部署建设国家公用经济信息通信网（简称金桥工程）。

5．1994年4月20日，NCFC工程实现与Internet的全功能连接，从此中国正式拥有全功能Internet。

6．1994年5月15日，中国科学院设立国内第一个Web服务器，推出中国第一套网页，后来起名为"中国之窗"。

7．1994年5月21日，中国科学院完成CN服务器的设置，改变了中国的CN顶级域名服务器一直放在国外的历史。

8．1994年5月，国家智能计算机研究开发中心开通中国第一个BBS站——曙光BBS。

9．1994年7月初，"中国教育和科研计算机网"试验网开通，并与Internet互联，成为运行TCP/IP协议的计算机互联网络。

10．1995年1月，邮电部电信总局接入美国64K专线，并开始向社会提供Internet接入服务。

11．1996年1月，中国公用计算机互联网（CHINANET）全国骨干网建成开通，全国范围的公用计算机互联网络提供服务。

12．1999年7月12日，中华网在纳斯达克首发上市，成为在纳斯达克第一个上市的中国概念网络公司股。

13．1999年9月，招商银行启动"一网通"网上银行服务，成为国内首先实现全国联通"网上银行"的商业银行。

14．2000年5月17日，中国移动互联网（CMNET）投入运行，正式推出"全球通WAP（无线应用协议）"服务。

15．2001年11月20日，中国电子政务应用示范工程通过论证。

16．2002年5月17日，中国电信在广州启动"互联星空"计划，标志着ISP和ICP开始联合打造宽带互联网产业链。

17．2002年5月17日，中国移动率先在全国范围内正式推出GPRS业务。

18．2004年12月23日，.CN服务器的Ipv 6地址成功登录到全球域名根服务器。我国国家域名系统进入下一代互联网。

19．2009年1月7日，中国移动、中国电信和中国联通获得第三代移动通信（3G）牌照。我国正式进入3G时代。

20．2010年1月13日，国务院决定加快推进电信网、广播电视网和互联网三网融合。

21．2011年1月19日，中国互联网络信息中心发布《第27次中国互联网络发展状况统计报告》，报告指出，中国网民规模达到4.57亿，手机网民规模达3.03亿。